essentials

essentials liefern aktuelles Wissen in konzentrierter Form. Die Essenz dessen, worauf es als „State-of-the-Art" in der gegenwärtigen Fachdiskussion oder in der Praxis ankommt. *essentials* informieren schnell, unkompliziert und verständlich

- als Einführung in ein aktuelles Thema aus Ihrem Fachgebiet
- als Einstieg in ein für Sie noch unbekanntes Themenfeld
- als Einblick, um zum Thema mitreden zu können

Die Bücher in elektronischer und gedruckter Form bringen das Expertenwissen von Springer-Fachautoren kompakt zur Darstellung. Sie sind besonders für die Nutzung als eBook auf Tablet-PCs, eBook-Readern und Smartphones geeignet. *essentials:* Wissensbausteine aus den Wirtschafts-, Sozial- und Geisteswissenschaften, aus Technik und Naturwissenschaften sowie aus Medizin, Psychologie und Gesundheitsberufen. Von renommierten Autoren aller Springer-Verlagsmarken.

Weitere Bände in dieser Reihe http://www.springer.com/series/13088

Andreas Öchsner

Theorie der Balkenbiegung

Einführung und Modellierung der statischen Verformung und Beanspruchung

Prof. Dr.-Ing. Andreas Öchsner
Southport, QLD
Australien

ISSN 2197-6708 ISSN 2197-6716 (electronic)
essentials
ISBN 978-3-658-14637-5 ISBN 978-3-658-14638-2 (eBook)
DOI 10.1007/978-3-658-14638-2

Die Deutsche Nationalbibliothek verzeichnet diese Publikation in der Deutschen Nationalbibliografie; detaillierte bibliografische Daten sind im Internet über http://dnb.d-nb.de abrufbar.

Springer Vieweg

Gedruckt auf säurefreiem und chlorfrei gebleichtem Papier

Springer Vieweg ist Teil von Springer Nature
Die eingetragene Gesellschaft ist Springer Fachmedien Wiesbaden GmbH

Was Sie in diesem *essential* finden können

- Eine Einführung in die Balkentheorie nach EULER-BERNOULLI
- Eine Einführung in die Balkentheorie nach TIMOSHENKO
- Eine Einführung in die Balkentheorie nach LEVINSON
- Eine Ableitung der entsprechenden Differenzialgleichungen
- Ein Vergleich der Theorien für einfache Last- und Lagerfälle

Vorwort

Die klassische Ausbildung in der technischen Mechanik im Rahmen eines Hochschulingenieurstudiums behandelt in verschiedenen Vorlesungen einfache Strukturelemente. Die einfachsten Elemente sind hierbei Stäbe und Balken, die neben Federn den eindimensionalen Strukturelementen zugerechnet werden. Das grundlegende Verständnis dieser einfachen Elemente ist hierbei von großer Wichtigkeit, um den Zugang zu zwei- und dreidimensionalen Strukturelementen zu erleichtern. Balken haben zum Beispiel im Zweidimensionalen ein Analogon in Form von Plattenelementen. Neben der kontinuumsmechanischen Beschreibung bis hin zur beschreibenden Differenzialgleichung und den sich anschließenden analytischen oder numerischen Lösungsmethoden, kann die gleiche Vorgehensweise unabhängig von der Dimensionalität angewandt werden. In Anhängigkeit von der Geometrie der sich biegenden Strukturelemente werden in der wissenschaftlichen Literatur verschiedene Modellierungsansätze angeboten, um den Anteil der Schubspannung auf die Biegedeformation zu berücksichtigen. Hier setzt das aktuelle Werk an und behandelt die Biegetheorien nach EULER-BERNOULLI, TIMOSHENKO und LEVINSON.

Somit bietet dieses Buch eine kompakte und schnelle „Anleitung“ zur Anwendung der unterschiedlichen Balkentheorien. Annahmen und Limitierungen werden vergleichend in einem Werk dargestellt. Die grundlegenden Beziehungen, die zur beschreibenden Differenzialgleichung führen, werden ausführlich dargestellt und erläutert. Eine solche zusammenfassende und vergleichende kompakte Darstellung ist in der deutschsprachigen Literatur bisher nicht vorhanden.

März 2016

Andreas Öchsner
Griffith University
Gold Coast, Australien

Inhaltsverzeichnis

Angaben zum Autor

Professor Dr.-Ing. Andreas Öchsner D.Sc.
Head of Discipline and Program Director, Mechanical Engineering

Griffith School of Engineering
Griffith University (Gold Coast Campus)
Building G09 Room 1.61
Parklands Drive
Southport QLD 4214
Australien

E-Mail: andreas.oechsner@gmail.com, a.oechsner@griffith.edu.au

url: https://www.griffith.edu.au/engineering-information-technology/griffth-school-engineering/staff/professor-andreas-Ochsner

Einleitung und historische Anmerkungen 1

Balken und Balkenstrukturen finden sich in vielen technischen Anwendungen des Bauingenieurwesens (Kurrer 2008), des klassischen Maschinenbaus (Grote und Antonsson 2009) und in Luft- und Raumfahrtstrukturen (Bruhn 1973). Weniger offensichtlich ist auch die Anwendung von Balken als essentielles Konstruktionselement in vielen Sensoren. Das Beispiel eines Axialdehnungsaufnehmers ist in Abb. 1.1 dargestellt.
Die eigentliche Messgröße ist hierbei die Probenverlängerung $L + \Delta L$ oder die Probendehnung $\varepsilon_{\text{Probe}}$, siehe Abb. 1.1b. Das Messprinzip beruht jedoch auf der Biegeverformung des horizontalen Balkens und der Messung der Dehnung ε_{DMS} auf der Balkenunter- und/oder Oberseite mittels Dehnmessstreifen. Über eine entsprechende Kalibrierungskurve kann dann von der Dehnung des Balkens auf die Probenverformung geschlossen werden.

Die folgenden drei Kapitel behandeln die analytische Beschreibung der elastischen Balkenbiegung bei kleinen Verformungen und Dehnungen im Rahmen der Statik. Hauptaugenmerk ist hierbei die kontinuumsmechanische Beschreibung mittels dreier Grundgleichungen, d. h. der kinematischen Beziehung[1], dem Stoffgesetz[2] und der Gleichgewichtsbeziehung[3], die zu einer beschreibenden Differenzialgleichung zusammengefasst werden können. Für einfache Spezialfälle, im Allgemeinen unter Annahme konstanter Material- und Geometrieeigenschaften, werden allgemeine Lösungen bereitgestellt. Diese allgemeinen Lösungen können unter Berücksichtigung der Randbedingungen an spezielle Probleme angepasst werden und erlauben den Vergleich der verschiedenen Balkentheorien für einfache Lager- und Lastfälle.

[1] Kinematik: Beziehung zwischen den Verschiebungen und Verzerrungen.

[2] Stoffgesetz: Beziehung zwischen den Spannungen und Dehnungen.

[3] Gleichgewicht: Beziehung zwischen den äußeren Lasten und Spannungen.

A. Öchsner, *Theorie der Balkenbiegung*, essentials,
DOI 10.1007/978-3-658-14638-2_1

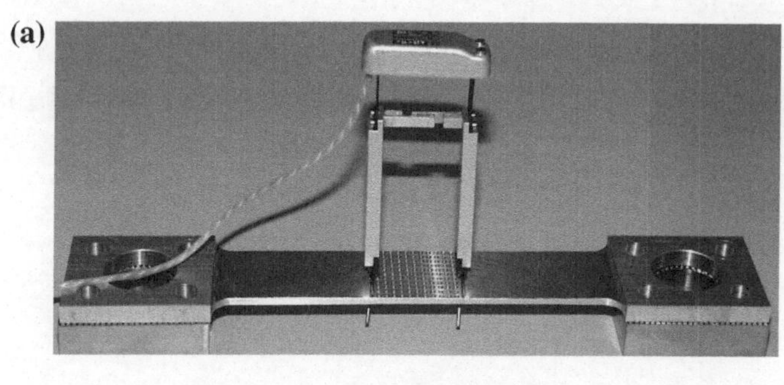

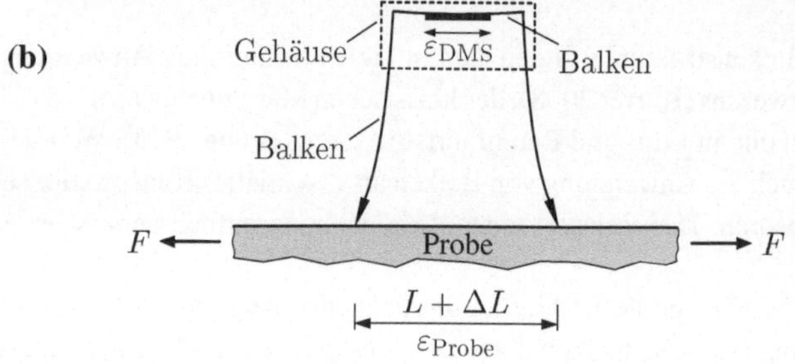

Abb. 1.1 **a** Flachzugprobe mit Axialdehnungsaufnehmer (Extensometer); **b** Modellierung des Axialdehnungsaufnehmers mittels Balkenstruktur

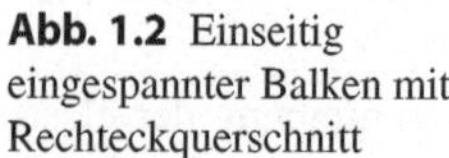

Abb. 1.2 Einseitig eingespannter Balken mit Rechteckquerschnitt

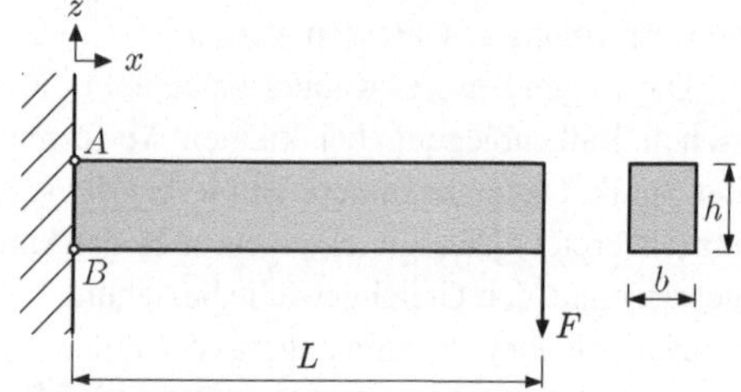

Die historische Entwicklung der ingenieurmäßigen Beschreibung der Balkenbiegung geht bis auf das 15. Jahrhundert zurück. Einige der markanten Stationen sind in Tab. 1.1 kurz zusammengefasst, wobei die Darstellung der heutigen Ingenieursprache angepasst wurde. Einige der Annahmen lassen sich am Beispiel des einseitig eingespannten Balkens aufzeigen, siehe Abb. 1.2. Insbesondere die Annahmen zur Spannungsverteilung im Querschnitt haben im Laufe der Zeit verschiedene Iterationsstufen durchlaufen. Die folgenden Kapitel werden die Modellierungsansätze zur Spannungsverteilung und deren Beitrag auf die Balkenverformung näher betrachten.

Tab. 1.1 Zur historischen Entwicklung der Balkentheorie, siehe (Szabó 1996; Timoshenko 1953). Die graphischen Darstellungen der Spannungsverläufe beziehen sich auf Abb. 1.2

Forscher	Beitrag
Leonardo DA VINCI (1452–1519)	· illustrative Darstellung der Biegung
Galileo GALILEI (1564–1642)	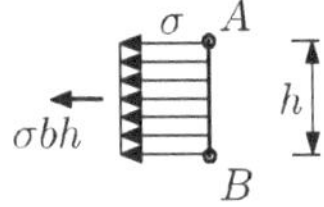 · Theorie der Bruchfestigkeit von Tragwerken · keine Berücksichtigung der Biegeverformung · Drehung erfolgt um B · Momentengleichgewicht um B: $-\sigma bh \cdot \frac{h}{2} + FL = 0$
Robert HOOKE (1635–1703)	· Gesetz der Elastizität anhand von Federversuchen: Federkraft verhält sich wie Auslenkung ($\Delta L \sim F$) · Unterscheidung zwischen Zug-, Druck- und Biegebeanspruchung · Verlängerung und Verkürzung von Fasern bei Biegung
Edme MARIOTTE (1620–1684)	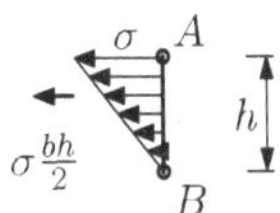 · Drehung erfolgt um B · Annahme einer dreiecksförmigen Spannungsverteilung · Momentengleichgewicht um B: $-\sigma\frac{bh}{2} \cdot \frac{2h}{3} + FL = 0$ 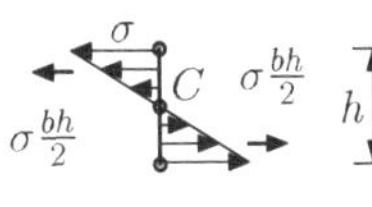 · Modifizierte Spannungsverteilung aufgrund der Dehnung und Stauchung der Fasern · Momentengleichgewicht um C: $-2 \cdot \sigma\frac{bh}{2} \cdot \frac{2}{3}\frac{h}{2} + FL = 0$
Jakob BERNOULLI (1655–1705)	· graphische Konstruktion der Krümmung eines Balkens
Leonhard EULER (1707–1783)	· mathematische Beschreibung der Biegedifferenzialgleichung eines Ringes unter Berücksichtigung eines linear-elastischen Materialgesetzes
Charles A. COULOMB (1736–1806)	· Formulierung der Gleichgewichtsbedingungen für Normal- und Schubspannung
Thomas YOUNG (1773–1829)	· Definition des Elastizitätsmoduls nach YOUNG (über Kräfte)
Louis M.H. NAVIER (1785–1836)	· heutige Form der Differenzialgleichung der Biegelinie und des Elastizitätsmoduls (über Spannung)
Augustin L. CAUCHY (1789–1857)	· Definition des Spannungstensors · zwei Materialkonstanten für linear-elastische Elastizitätstheorie
heutige EULER-BERNOULLI Theorie	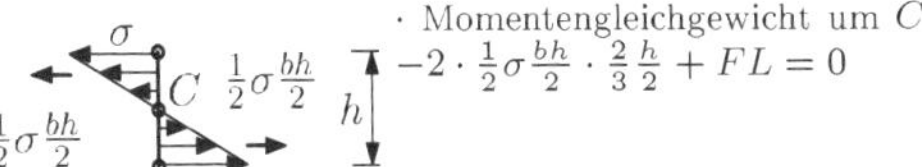 · Momentengleichgewicht um C: $-2 \cdot \frac{1}{2}\sigma\frac{bh}{2} \cdot \frac{2}{3}\frac{h}{2} + FL = 0$

Euler-Bernoulli-Balken 2

2.1 Einführende Bemerkungen

Ein Balken ist als langer prismatischer Körper, der schematisch in Abb. 2.1 dargestellt ist, definiert. Die folgenden Ableitungen unterliegen hierbei einigen Vereinfachungen:

- ausschließliche Betrachtung von geraden Balken,
- keine Verlängerung entlang der x-Achse,
- keine Torsion um die x-Achse,
- Verformung in einer einzigen Ebene, d. h. symmetrische Biegung,
- kleine Verformungen,
- einfache Querschnitte.

Als äußere Lasten, die in diesem Kapitel behandelt werden, kommen Einzelkräfte F_z, Einzelmomente M_y, Streckenlasten $q_z(x)$ und Streckenmomente $m_y(x)$ in Frage. Die Lasten haben hierbei gemeinsam, dass die Wirkungslinie einer Kraft oder die Richtung eines Momentenvektors senkrecht auf der Längsachse des Balkens stehen.

Grundsätzlich unterscheidet man in der Balkenstatik schubstarre und schubweiche Modelle. Der klassische, schubstarre Balken, auch EULER-BERNOULLI-Balken genannt, vernachlässigt die Schubverformung aus der Querkraft. Bei dieser Modellierung geht man davon aus, dass ein Querschnitt, der vor der Verformung senkrecht zur Balkenachse stand, auch noch nach der Verformung senkrecht auf der Balkenachse steht, vgl. Abb. 2.2a. Weiterhin wird angenommen, dass ein ursprünglich ebener Querschnitt bei der Verformung eben und unverwölbt bleibt. Diese beiden Annahmen werden auch als BERNOULLI-Hypothese bezeichnet. Insgesamt denkt

A. Öchsner, *Theorie der Balkenbiegung*, essentials,
DOI 10.1007/978-3-658-14638-2_2

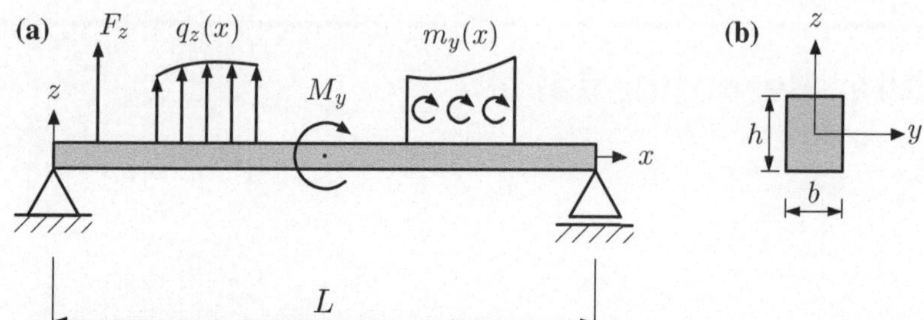

Abb. 2.1 Allgemeine Konfiguration eines Balkenproblems: **a** Beispiel von Randbedingungen und äußeren Lasten; **b** Querschnittsfläche

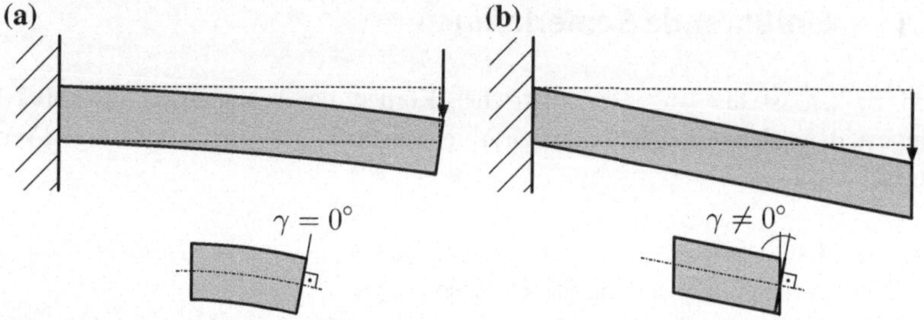

Abb. 2.2 Unterschiedliche Verformung eines Biegebalkens: **a** Schubstarr; **b** Schubverformt. Modifiziert nach (Hartmann und Katz 2007)

man sich die Querschnitte an die Balkenlängsachse (neutrale Faser) angeheftet, so dass eine Veränderung der Längsachse die gesamte Deformation bestimmt. Somit wird auch angenommen, dass sich die geometrischen Abmessungen der Querschnitte (z. B. die Breite und Höhe bei einem Rechteckquerschnitt) nicht ändern. Bei einem schubweichen Balken, z. B. nach der Theorie von TIMOSHENKO, berücksichtigt man neben der Biegeverformung auch die Schubverformung, und die Querschnitte werden um einen Winkel γ gegenüber der Senkrechten verdreht, vgl. Abb. 2.2b. Im Allgemeinen wird für Balken, deren Länge 10 bis 20 mal größer ist als eine charakteristische Abmessung des Querschnitts, der Schubanteil an der Verformung in erster Näherung vernachlässigt.

Die unterschiedlichen Belastungsarten, das heißt reine Biegemomentenbelastung oder Schub in Folge von Querkraft, führen auch zu unterschiedlichen Spannungsanteilen in einem Biegebalken. Auf Grund der reinen Biegemomentenbelastung ergibt sich nur eine Beanspruchung durch Normalkräfte, die linear über den

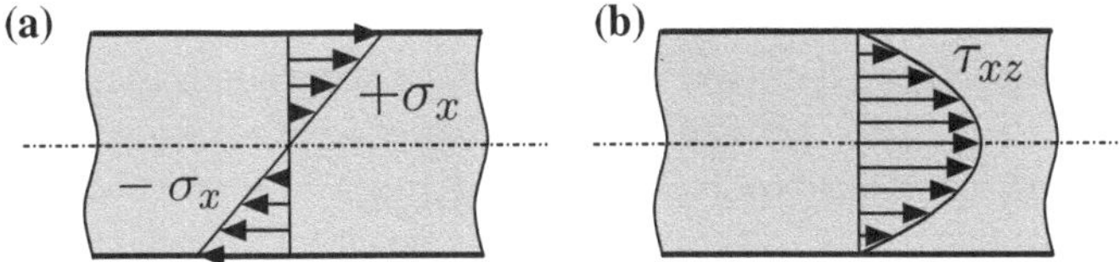

Abb. 2.3 Unterschiedliche Spannungsverteilung beim Biegebalken am Beispiel eines Rechteckquerschnitts für linear-elastisches Materialverhalten: **a** Normalspannung; **b** Schubspannung

Querschnitt ansteigen. Somit ergibt sich ein Zug- bzw. Druckmaximum auf der Ober- bzw. Unterseite des Balkens, vgl. Abb. 2.3a. Bei symmetrischen Querschnitten ergibt sich der Nulldurchgang (neutrale Faser) in der Mitte des Querschnitts. Die Querkraft resultiert in einer Schubspannung, die zum Beispiel bei einem Rechteckquerschnitt einen parabolischen Verlauf aufweist und an den Balkenrändern gleich Null ist, vgl. Abb. 2.3b.

Die unterschiedliche Berücksichtigung der Schubspannung auf die Balkenverformung führt auf die unterschiedlichen Balkentheorien. Nach der Theorie von EULER-BERNOULLI wird der Einfluss der Schubspannung auf die Verformung vernachlässigt. Nach der Theorie von TIMOSHENKO (vgl. Kap. 3) wird der Einfluss der Schubspannung auf die Verformung berücksichtigt, jedoch wird der parabolische Schubspannungsverlauf nach Abb. 2.3b durch einen konstanten Wert approximiert. Höhere Balkentheorien (vgl. Kap. 4) berücksichtigen dann einen realistischeren Schubspannungsverlauf bei der Verformungsberechnung.

2.2 Grundgleichungen

2.2.1 Kinematik

Zur Ableitung der kinematischen Beziehungen wird ein Balken der Länge L unter konstanter Momentenbelastung $M_y(x) = \text{konstant}$, d. h. *reiner* Biegung, betrachtet, vgl. Abb. 2.4. Die beiden äußeren Einzelmomente am linken und rechten Balkenrand führen, bei der eingezeichneten Orientierung, zu einem positiven Biegemomentenverlauf M_y im Balken. Die x-Achse wird entlang der Balkenlängsrichtung gewählt. Als zweite Koordinate führen wir die z-Achse nach oben gerichtet ein. Mittels der z-Koordinate soll die vertikale Lage eines Punktes in Bezug auf die Balkenmittellinie *ohne Einwirkung* einer äußeren Last beschrieben werden. Die vertikale *Verschiebung* eines Punktes auf der Balkenmittellinie, d. h. für einen Punkt mit $z = 0$, unter

Einwirkung der äußeren Belastung wird mit u_z angegeben. Die Summe dieser Punkte mit $z = 0$ repräsentiert die verformte Mittellinie und wird als Biegelinie $u_z(x)$ bezeichnet.

Im Folgenden wird nur die Mittellinie des verformten Balkens betrachtet. Mittels der Beziehung für einen beliebigen Punkt (x, u_z) auf einem Kreis mit Radius R um den Mittelpunkt (x_0, z_0), d. h.

$$(x - x_0)^2 + (u_z(x) - z_0)^2 = R^2, \tag{2.1}$$

können durch ein- und zweimaliges Differenzieren Beziehungen für den horizontalen und vertikalen Abstand eines beliebigen Kreispunktes zum Kreismittelpunkt abgeleitet werden. Beachtet man weiterhin, dass es sich bei der in Abb. 2.4

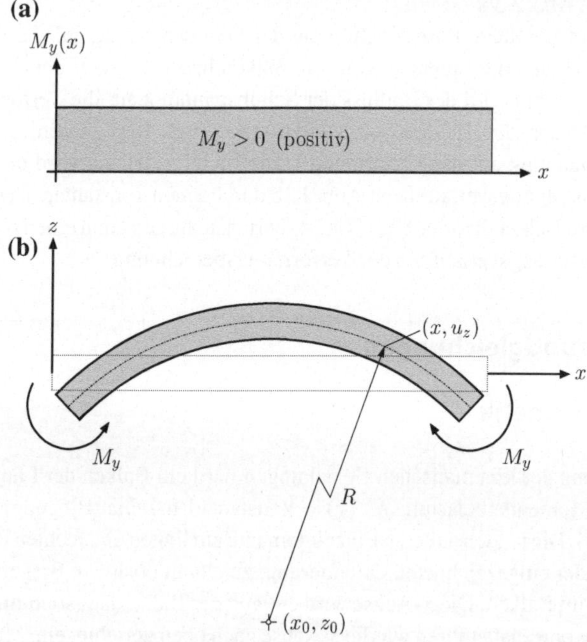

Abb. 2.4 Biegebalken unter reiner Biegung: **a** Momentenverlauf; **b** verformter Balken. Man beachte, dass die Verformung überzeichnet dargestellt ist: Für die in diesem Kapitel betrachteten Verformungen gilt, dass $R \gg L$ ist

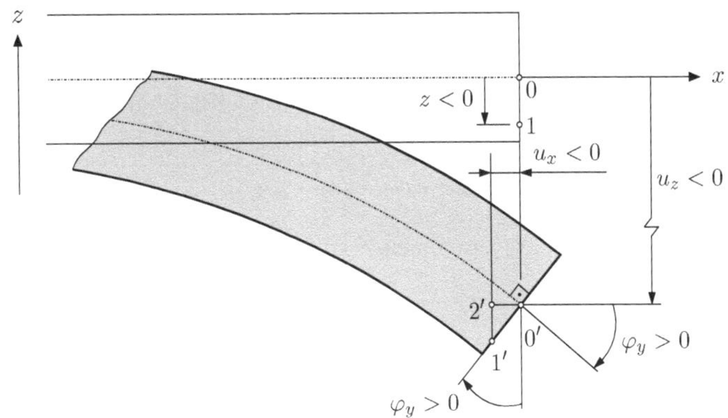

Abb. 2.5 Zur Ableitung der Kinematik beim EULER-BERNOULLI-Balken. Man beachte, dass die Verformung überzeichnet dargestellt ist

dargestellten Kreiskonfiguration um eine ‚Rechtskurve' $\left(\frac{\mathrm{d}^2u_z}{\mathrm{d}x^2} < 0\right)$ handelt, ergibt sich der Krümmungsradius R zu:

$$R = -\frac{\left(1+\left(\frac{\mathrm{d}u_z}{\mathrm{d}x}\right)^2\right)^{3/2}}{\frac{\mathrm{d}^2u_z}{\mathrm{d}x^2}}. \tag{2.2}$$

Man beachte, dass man auch die Bezeichnung Krümmung verwendet, die sich als Kehrwert aus dem Krümmungsradius ergibt: $\kappa = \frac{1}{R}$. Für kleine Durchbiegungen, d. h. $u_z \ll L$, ergibt sich $\frac{\mathrm{d}u_z}{\mathrm{d}x} \ll 1$ und Gl. (2.2) vereinfacht sich zu:

$$R = -\frac{1}{\frac{\mathrm{d}^2u_z}{\mathrm{d}x^2}} \quad \text{oder} \quad \kappa = \frac{1}{R} = -\frac{\mathrm{d}^2u_z}{\mathrm{d}x^2}. \tag{2.3}$$

Zur Ableitung der kinematischen Beziehung betrachtet man Abb. 2.5. Aus der Beziehung für das rechtwinkelige Dreieck 0'1'2', das heißt $\sin\varphi_y = \frac{u_x}{z}$, ergibt sich[1] für kleine Winkel ($\sin\varphi_y \approx \varphi_y$):

[1] Man beachte, dass nach Voraussetzung beim EULER-BERNOULLI-Balken die Länge 01 und 0' 1' unverändert bleibt.

$$u_x = +z\varphi_y. \tag{2.4}$$

Weiterhin gilt, dass für kleine Winkel der Rotationswinkel der Steigung der Mittellinie entspricht:

$$\tan\varphi_y = \frac{-\,\mathrm{d}u_z(x)}{\mathrm{d}x} \approx \varphi_y. \tag{2.5}$$

Fasst man Gl. (2.5) und (2.4) zusammen, ergibt sich

$$u_x = -z\frac{\mathrm{d}u_z(x)}{\mathrm{d}x}. \tag{2.6}$$

Differenzieren der letzten Gleichung nach der x-Koordinate ergibt die kinematische Beziehung zu:

$$\varepsilon_x(x, y) = z\,\frac{1}{R} = z\kappa \overset{(2.3)}{=} -z\frac{\mathrm{d}^2 u_z(x)}{\mathrm{d}x^2} \overset{\varepsilon_x = \frac{\mathrm{d}u_x}{\mathrm{d}x}}{=} z\frac{\mathrm{d}\varphi_y(x)}{\mathrm{d}x}. \tag{2.7}$$

2.2.2 Stoffgesetz

Das eindimensionale HOOKEsche Gesetz kann im Falle des Biegebalkens angesetzt werden, da nach Voraussetzung nur Normalspannungen in diesem Kapitel betrachtet werden:

$$\sigma_x = E\varepsilon_x. \tag{2.8}$$

Mittels der kinematischen Beziehung nach Gl. (2.7) ergibt sich die Spannung als Funktion der Durchbiegung zu:

$$\sigma_x(x, z) = -Ez\frac{\mathrm{d}^2 u_z(x)}{\mathrm{d}x^2}. \tag{2.9}$$

Der in Abb. 2.6a dargestellte Spannungsverlauf erzeugt das an dieser Stelle wirkende Schnittmoment. Zur Berechnung der Momentenwirkung wird die Spannung mit einer Fläche multipliziert, so dass sich die resultierende Kraft ergibt. Multiplikation mit dem entsprechenden Hebelarm liefert dann das Schnittmoment:

$$M_y = \int_A z\sigma_x \mathrm{d}A \overset{(2.9)}{=} -\int_A zEz\frac{\mathrm{d}^2 u_z(x)}{\mathrm{d}x^2}\mathrm{d}A. \tag{2.10}$$

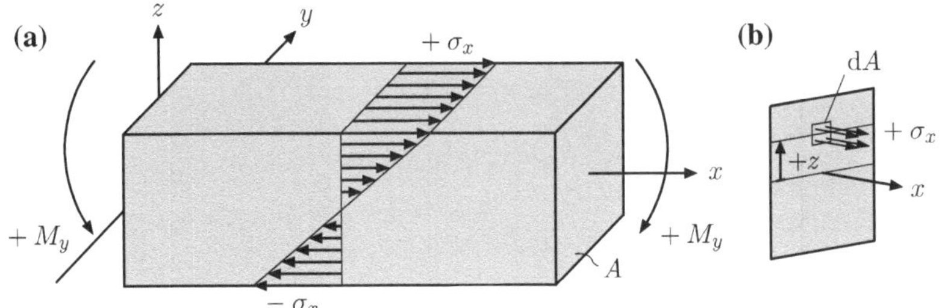

Abb. 2.6 **a** Schematische Darstellung der Normalspannungsverteilung $\sigma_x = \sigma_x(z)$ eines Biegebalkens; **b** Definition und Lage eines infinitesimalen Flächenelements zur Ableitung der resultierenden Momentenwirkung der Normalspannungsverteilung

Unter der Annahme, dass der Elastizitätsmodul konstant ist, ergibt sich das Schnittmoment um die y-Achse zu:

$$M_y = -E\frac{\mathrm{d}^2 u_z}{\mathrm{d}x^2}\underbrace{\int\limits_A z^2 \mathrm{d}A}_{I_y} = -EI_y\frac{\mathrm{d}^2 u_z}{\mathrm{d}x^2} = \frac{I_y \sigma_z}{z} \overset{(2.3)}{=} EI_y\kappa. \tag{2.11}$$

Bei dem Integral in Gl. (2.11) handelt es sich um das sog. axiale Flächenträgheitsmoment oder axiale Flächenmoment 2. Grades in der SI-Einheit m^4. Diese Größe hängt nur von der Geometrie des Querschnitts ab und ist ein Maß für die Steifigkeit eines ebenen Querschnitts gegen Biegung. Tabellierte Werte für I_y können (Grote und Feldhusen 2014) entnommen werden. Das Produkt EI_y in Gl. (2.11) wird auch als Biegesteifigkeit bezeichnet. Verwendet man das Ergebnis von Gl. (2.11) in der Beziehung für die Biegespannung nach Gl. (2.9), so ergibt sich der Spannungsverlauf über den Querschnitt zu:

$$\sigma_x(x, z) = +\frac{M_y(x)}{I_y} z(x). \tag{2.12}$$

Abschließend sei hier noch angemerkt, dass das HOOKEsche Gesetz nach Gl. (2.8) nicht so einfach auf einen Balken angewendet werden kann, da Spannung und Dehnung linear über den Querschnitt verteilt sind, siehe Gl. (2.12) und Abb. 2.6. Es mag daher zweckmäßiger sein, die Schnittgröße oder die sog. verallgemeinerte Spannung $M_y(x)$ nach Gl. (2.10) und die Krümmung $\kappa_y(x)$ nach Gl. (2.7) als verallgemeinerte Dehnung zu verwenden. Somit kann ein verallgemeinertes Stoffgesetz, das über der gesamten Balkenhöhe gültig ist, formuliert werden, siehe Abb. 2.7.

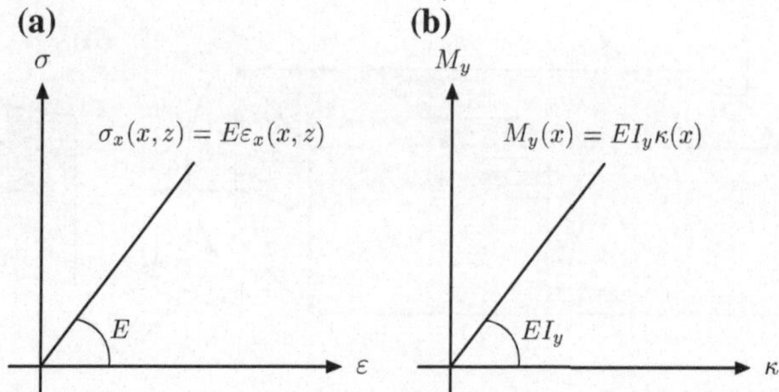

Abb. 2.7 Formulierung des Stoffgesetzes mittels **a** Spannung und **b** Schnittgröße (verallgemeinerte Spannung)

2.2.3 Gleichgewicht

Die Gleichgewichtsbedingungen werden an einem infinitesimalen Balkenelement der Länge dx abgeleitet, das durch eine konstante Streckenlast q_z belastet ist, vgl. Abb. 2.8. An beiden Schnittufern, d. h. an der Stelle x und $x + \mathrm{d}x$, sind die Schnittreaktionen in ihrer positiven Richtung eingezeichnet.

Im Folgenden wird das Gleichgewicht hinsichtlich der vertikalen Kräfte betrachtet. Unter der Annahme, dass Kräfte in Richtung der positiven z-Achse positiv anzusetzen sind, ergibt sich:

$$-Q_z(x) + Q_z(x + \mathrm{d}x) + q_z\mathrm{d}x = 0. \tag{2.13}$$

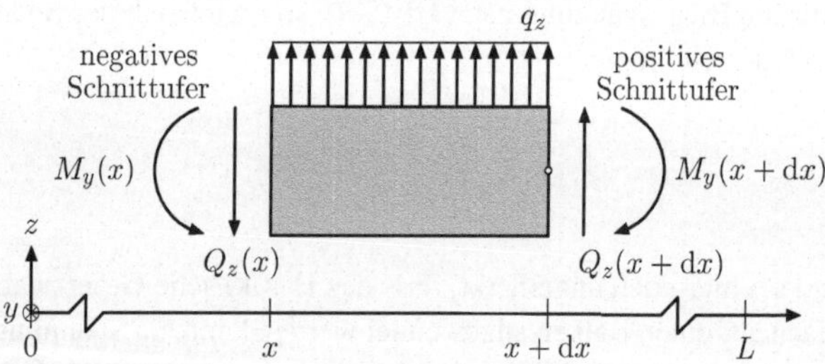

Abb. 2.8 Infinitesimales Balkenelement mit Schnittreaktionen und Belastung durch konstante Streckenlast bei Verformung in der x-z-Ebene

Entwickelt man die Querkraft am rechten Schnittufer in eine TAYLORsche Reihe erster Ordnung, ergibt sich Gl. (2.13) zu:

$$\frac{\mathrm{d}Q_z(x)}{\mathrm{d}x} = -q_z. \tag{2.14}$$

Das Momentengleichgewicht um den Bezugspunkt an der Stelle $x + \mathrm{d}x$ liefert:

$$M_y(x + \mathrm{d}x) - M_y(x) - Q_z(x)\mathrm{d}x + \frac{1}{2} q_z \mathrm{d}x^2 = 0. \tag{2.15}$$

Entwickelt man das Biegemoment am rechten Schnittufer in eine TAYLORsche Reihe erster Ordnung und berücksichtigt, dass der Term $\frac{1}{2} q_z \mathrm{d}x^2$ als unendlich kleine Größe höherer Ordnung vernachlässigt werden kann, ergibt sich schließlich:

$$\frac{\mathrm{d}M_y(x)}{\mathrm{d}x} = Q_z(x). \tag{2.16}$$

Kombination von Gl. (2.14) und (2.16) ergibt die Beziehung zwischen Biegemoment und Streckenlast zu:

$$\frac{\mathrm{d}^2 M_y(x)}{\mathrm{d}x^2} = \frac{\mathrm{d}Q_z(x)}{\mathrm{d}x} = -q_z(x). \tag{2.17}$$

2.3 Differenzialgleichung der Biegelinie

Zweimalige Differenziation von Gl. (2.11) und Berücksichtigung der Beziehung zwischen Biegemonent und Streckenlast nach Gl. (2.17) führt auf die klassische Form der Differenzialgleichung der Biegelinie

$$\frac{\mathrm{d}^2}{\mathrm{d}x^2}\left(E I_y \frac{\mathrm{d}^2 u_z}{\mathrm{d}x^2} \right) = q_z, \tag{2.18}$$

die auch als Biegelinie-Streckenlast-Beziehung bezeichnet wird. Bei einer entlang der Stabachse unveränderlichen Biegesteifigkeit EI_y folgt hieraus:

$$E I_y \frac{\mathrm{d}^4 u_z}{\mathrm{d}x^4} = q_z. \tag{2.19}$$

Die allgemeine Lösung der Differenzialgleichung (2.19), d. h. für konstante Biegesteifigkeit EI_y und zusätzlich konstanter Streckenlast q_z, erhält man durch Integration zu:

$$u_z(x) = \frac{1}{EI_y}\left(\frac{q_z x^4}{24} + \frac{c_1 x^3}{6} + \frac{c_2 x^2}{2} + c_3 x + c_4\right), \tag{2.20}$$

$$\varphi_y(x) = -\frac{1}{EI_y}\left(\frac{q_z x^3}{6} + \frac{c_1 x^2}{2} + c_2 x + c_3\right), \tag{2.21}$$

$$M_y(x) = -\frac{q_z x^2}{2} - c_1 x - c_2, \tag{2.22}$$

Tab. 2.1 Verschiedene Formulierungen der partiellen Differenzialgleichung für einen EULER-BERNOULLI-Balken bei Biegung in der x-z-Ebene (positive x-Achse nach rechts zeigend; positive z-Achse aufwärts gerichtet)

Konfiguration	Differenzialgleichung
 EI_y	$EI_y \dfrac{\mathrm{d}^4 u_z}{\mathrm{d}x^4} = 0$
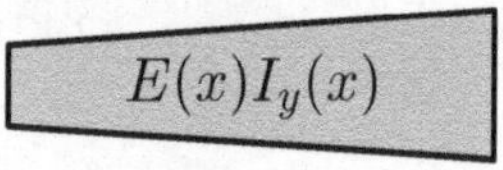 $E(x)I_y(x)$	$\dfrac{\mathrm{d}^2}{\mathrm{d}x^2}\left(E(x)I_y(x)\dfrac{\mathrm{d}^2 u_z}{\mathrm{d}x^2}\right) = 0$
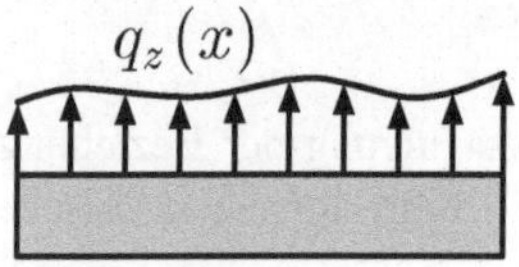 $q_z(x)$	$EI_y \dfrac{\mathrm{d}^4 u_z}{\mathrm{d}x^4} = q_z(x)$
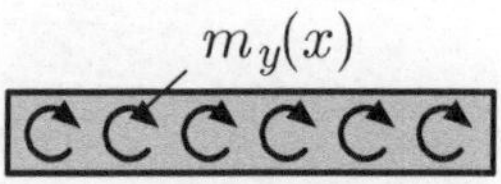 $m_y(x)$	$EI_y \dfrac{\mathrm{d}^4 u_z}{\mathrm{d}x^4} = \dfrac{\mathrm{d}m_y(x)}{\mathrm{d}x}$
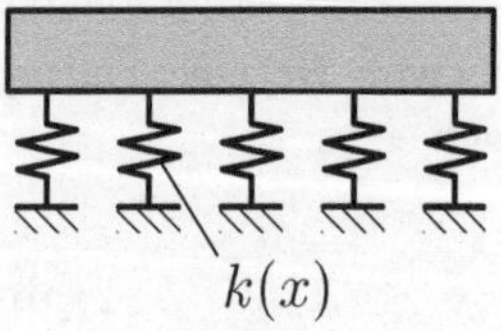 $k(x)$	$EI_y \dfrac{\mathrm{d}^4 u_z}{\mathrm{d}x^4} = -k(x)u_z$

Tab. 2.2 Elementare Grundgleichungen für einen EULER-BERNOULLI-Balken bei Biegung in der x-z-Ebene. Die Differenzialgleichungen sind unter der Annahme konstanter Biegesteifigkeit EI_y angegeben

Name	Gleichung
Kinematik	$\varepsilon_x(x,z) = -z\dfrac{\mathrm{d}^2u_z(x)}{\mathrm{d}x^2}$
Stoffgesetz	$\sigma_x(x,z) = E\varepsilon_x(x,z)$
	$M_y(x) = EI_y\kappa_y(x)$
Gleichgewicht	$\dfrac{\mathrm{d}Q_z(x)}{\mathrm{d}x} = -q_z(x);\ \dfrac{\mathrm{d}M_y(x)}{\mathrm{d}x} = Q_z(x)$
Spannung	$\sigma_x(x,z) = \dfrac{M_y(x)}{I_y}z(x)$
Diff'gleichung	$EI_y\dfrac{\mathrm{d}^2u_z(x)}{\mathrm{d}x^2} = -M_y(x)$
	$EI_y\dfrac{\mathrm{d}^3u_z(x)}{\mathrm{d}x^3} = -Q_z(x)$
	$EI_y\dfrac{\mathrm{d}^4u_z(x)}{\mathrm{d}x^4} = q_z(x)$

$$Q_z(x) = -q_z x - c_1, \tag{2.23}$$

wobei auch die Beziehungen für die Verdrehung, das Biegemoment und die Querkraft in allgemeiner Form angegeben wurden. Durch die Berücksichtigung von vier Randbedingungen kann diese allgemeine Lösung durch Bestimmung der Integrationskonstanten $c_1, \ldots, c_4$ an spezielle Probleme angepasst werden, siehe (Öchsner 2014).

In Abhängigkeit von der speziellen Problemstellung, d. h. für verschiedene Geometrien oder Last- bzw. Lagerfälle, kann die Lösung des Problems auch von einer anderen Formulierung der Differenzialgleichung erfolgen, siehe Tab. 2.1.

Abschließend sind in Tab. 2.2 die kontinuumsmechanischen Grundgleichungen und verschiedene Formulierungen der Differenzialgleichung für konstante Biegesteifigkeit zusammengefasst.

Timoshenko-Balken 3

3.1 Einführende Bemerkungen

Die grundsätzlichen Unterschiede bzgl. der Verformungsanteile bei einem Biegebalken mit und ohne Schubeinfluss wurden bereits in Kap. 2 angesprochen. In diesem Kapitel soll mittels der Theorie des TIMOSHENKO-Balkens der Schubeinfluss auf die Verformung berücksichtigt werden. Im Rahmen der folgenden einführenden Bemerkungen soll jedoch zuerst auf die Definition der Schubverzerrung und den Zusammenhang zwischen Querkraft und Schubspannung eingegangen werden.

Für kleine Verformungen ergibt sich die Schubverzerrung aus den Verformungsgradienten näherungsweise zu:

$$\gamma_{xz} \approx \frac{\partial u_z}{\partial x} + \frac{\partial u_x}{\partial z}. \tag{3.1}$$

Diese gesamte Winkeländerung wird auch als ingenieurmäßige Definition der Schubverzerrung bezeichnet. Im Gegensatz dazu wird der Ausdruck $\varepsilon_{xz} = \frac{1}{2}\gamma_{xz} = \frac{1}{2}(\frac{\partial u_z}{\partial x} + \frac{\partial u_x}{\partial z})$ unter tensorieller Definition in der Literatur angeführt. In Kap. 2 wurde bereits erwähnt, dass der Schubspannungsvelauf über den Querschnitt veränderlich ist. Als Beispiel wurde in Abb. 2.3 der parabolische Schubspannungsverlauf über einen Rechteckquerschnitt dargestellt. Mittels des HOOKEschen Gesetzes für einen eindimensionalen Schubspannungszustand (d. h. $\tau_{xz} \sim \gamma_{xz}$), kann daraus abgeleitet werden, dass die Schubverzerrung einen entsprechenden parabolischen Verlauf aufweisen muss. Aus der Schubspannungsverteilung in der Querschnittsfläche an einer Stelle x des Balkens ergibt sich im allgemeinen Fall durch Integration, d. h.

A. Öchsner, *Theorie der Balkenbiegung*, essentials,
DOI 10.1007/978-3-658-14638-2_3

$$Q_z = \int_A \tau_{xz}(y, z)\,\mathrm{d}A, \tag{3.2}$$

die wirkende Querkraft. Zur Vereinfachung wird jedoch beim TIMOSHENKO-Balken angenommen, dass eine äquivalente *konstante* Schubspannung und -verzerrung wirkt, vgl. Abb. 3.1:

$$\tau_{xz}(y, z) \rightarrow \tau_{xz}. \tag{3.3}$$

Diese konstante Schubspannung ergibt sich dadurch, dass die Querkraft in einer äquivalenten Querschnittsfläche, der sogenannten Schubfläche A_{s}, wirkt:

$$\tau_{xz} = \frac{Q_z}{A_{\mathrm{s}}}, \tag{3.4}$$

wobei das Verhältnis zwischen der Schubfläche A_{s} und der tatsächlichen Querschnittsfläche A als Schubkorrekturfaktor k_{s} bezeichnet wird:

$$k_{\mathrm{s}} = \frac{A_{\mathrm{s}}}{A}. \tag{3.5}$$

Zur Berechnung des Schubkorrekturfaktors können verschiedene Annahmen gemacht werden (Cowper 1966). So kann zum Beispiel gefordert werden (Bathe 1996), dass die Verzerrungsenergie der äquivalenten Schubspannung mit der Energie identisch sein muss, die sich aus der in der tatsächlichen Querschnittsfläche wirkenden Schubspannungsverteilung ergibt. Verschiedene Eigenschaften geometrischer Querschnitte – inklusive des Schubkorrekturfaktors – können der einschlägigen Literatur entnommen werden (Weaver und Gere 1980; Gere und Timoshenko 1991; Gruttmann und Wagner 2001). Für einen Rechteckquerschnitt sind verschiedene Werte für die Schubkorrekturfaktoren in Tab. 3.1 zusammengestellt.

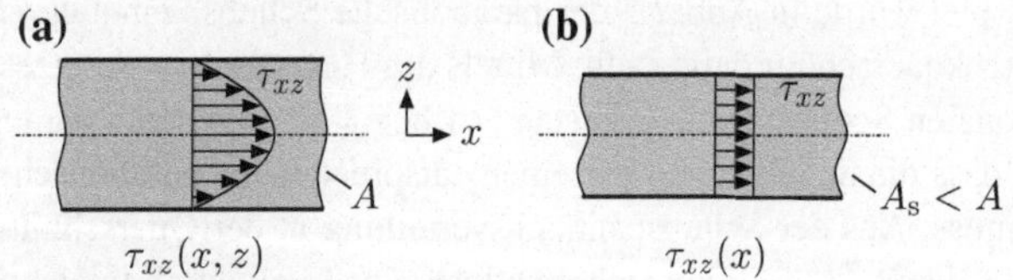

Abb. 3.1 Schubspannungsverteilung: **a** nach Elastizitätstheorie für Rechteckquerschnitt; **b** Approximation nach TIMOSHENKO

Tab. 3.1 Vergleich der Schubkorrekturfaktoren für Rechteckquerschnitte nach verschiedenen Ansätzen

k_s	Kommentar	Literatur
$\frac{2}{3}$	–	(Timoshenko 1921, 1940)
$0.833\left(=\frac{5}{6}\right)$	$\nu = 0.0$	(Cowper 1966)
0.850	$\nu = 0.3$	
0.870	$\nu = 0.5$	

Selbstverständlich kann sich die äquivalente konstante Schubspannung entlang der Balkenlängsachse ändern, falls sich die Querkraft entlang der Balkenlängsachse ändert. Das Attribut ‚konstant' bezieht sich also nur auf die Querschnittsfläche an der Stelle x und die äquivalente konstante Schubspannung ist somit im Allgemeinen für den TIMOSHENKO-Balken eine Funktion der Längskoordinate:

$$\tau_{xz} = \tau_{xz}(x). \tag{3.6}$$

Der sog. TIMOSHENKO-Balken kann dadurch generiert werden, indem man einem BERNOULLI-Balken eine Schubverformung entsprechend Abb. 3.2 überlagert. Man erkennt, dass dieBERNOULLI-Hypothese beim TIMOSHENKO-Balken teilweise nicht mehr erfüllt ist: Zwar bleiben ebene Querschnitte auch nach der Verformung noch eben, jedoch steht ein Querschnitt, der vor der Verformung senkrecht auf der Balkenachse stand, nach der Verformung nicht mehr senkrecht auf der Balkenachse.

3.2 Grundgleichungen

3.2.1 Kinematik

Entsprechend der Ableitung in Abschn. 2.2.1 kann auch für den Balken mit Schubeinfluss die kinematische Beziehung abgeleitet werden, indem man statt dem Winkel φ_y den Winkel ϕ_y betrachtet, vergleiche Abb. 3.2c und 3.3. Somit ergibt sich bei äquivalenter Vorgehensweise:

$$\sin\phi_y = \frac{u_x}{z} \approx \phi_y \quad \text{or} \quad u_x = +z\phi_y, \tag{3.7}$$

woraus sich mittels der allgemeinen Beziehung für die Verzerrung, das heißt $\varepsilon_x = \mathrm{d}u_x/\mathrm{d}x$, die kinematische Beziehung durch Differenziation ergibt:

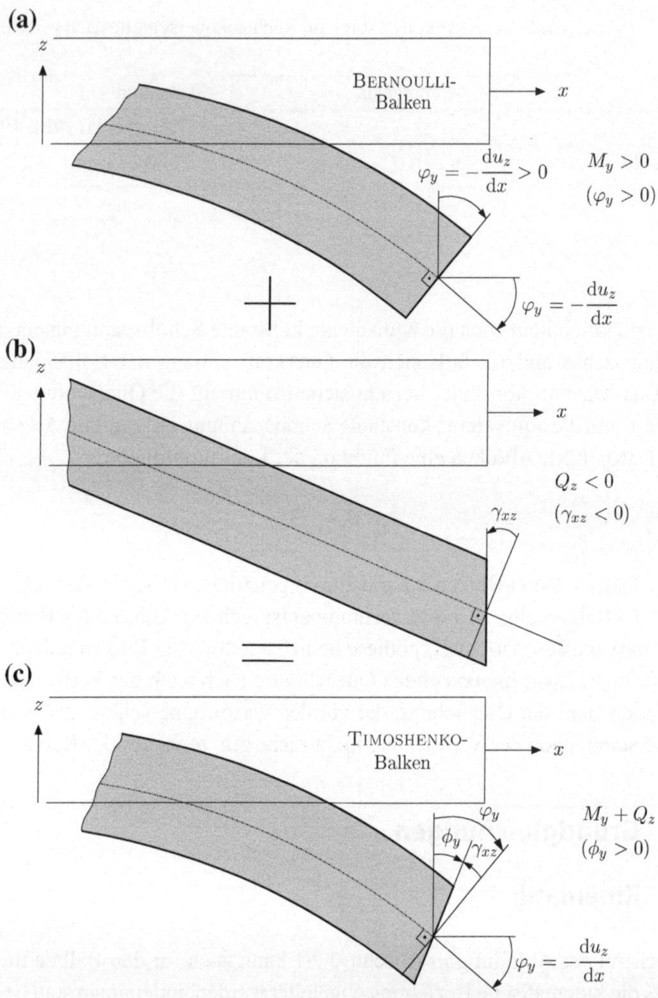

Abb. 3.2 Überlagerung des EULER-BERNOULLI-Balkens **(a)** und der Schubverformung **(b)** zum TIMOSHENKO-Balken **(c)** in der x-z-Ebene. Man beachte, dass die Verformung überzeichnet dargestellt ist

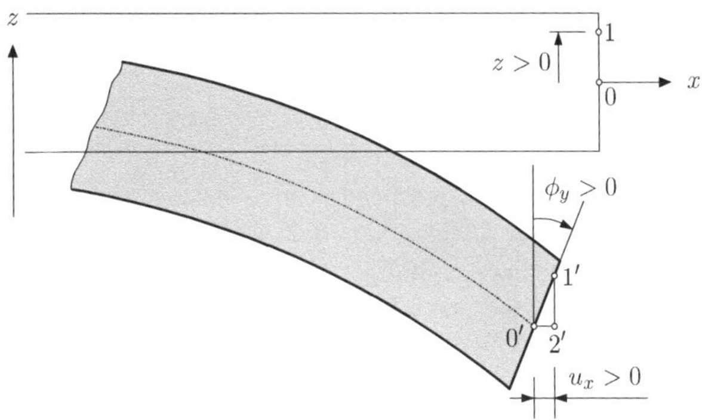

Abb. 3.3 Zur Ableitung der Kinematik beim TIMOSHENKO-Balken. Man beachte, dass die Verformung überzeichnet dargestellt ist

$$\varepsilon_x = +z \frac{\mathrm{d}\phi_y}{\mathrm{d}x}. \tag{3.8}$$

Man beachte, dass sich bei Vernachlässigung der Schubverformung $\phi_y \rightarrow \varphi_y = -\frac{\mathrm{d}u_z}{\mathrm{d}x}$ ergibt, und man die Beziehung nach Gl. (2.7) als Spezialfall erhält.

Weiterhin kann aus Abb. 3.2c der folgende Zusammenhang zwischen den Winkeln abgeleitet werden

$$\phi_y = \varphi_y + \gamma_{xz} = -\frac{\mathrm{d}u_z}{\mathrm{d}x} + \gamma_{xz}, \tag{3.9}$$

der den Satz der kinematischen Beziehungen komplementiert. Angemerkt sei, dass hier die sogenannte Biegelinie betrachtet wurde und somit das Verschiebungsfeld u_z nur noch eine Funktion *einer* Veränderlichen ist: $u_z = u_z(x)$.

3.2.2 Stoffgesetz

Zur Berücksichtigung der konstitutiven Beziehung wird das HOOKEsche Gesetz für einen eindimensionalen Normalspannungszustand und für einen reinen Schubspannungszustand angesetzt:

$$\sigma_x = E\varepsilon_x, \tag{3.10}$$

$$\tau_{xz} = G\gamma_{xz}, \tag{3.11}$$

wobei der Schubmodul G aus dem Elastizitätsmodul E und der POISSON-Zahl ν über

$$G = \frac{E}{2(1+\nu)} \tag{3.12}$$

berechnet werden kann. Entsprechend dem Gleichgewicht nach Abb. 2.6 und Gl. (2.10) kann für den TIMOSHENKO-Balken die Beziehung für das Schnittmoment – unter Verwendung des Stoffgesetzes (3.10) und der kinematischen Beziehung (3.8) – wie folgt angesetzt werden:

$$M_y(x) = \int_A z\sigma_x \mathrm{d}A = +EI_y \frac{\mathrm{d}\phi_y(x)}{\mathrm{d}x}. \tag{3.13}$$

Mittels der Gleichgewichtsbeziehung (2.16) aus Abschn. 2.2.3 ergibt sich hieraus der Zusammenhang zwischen Querkraft und Querschnittsverdrehung zu:

$$Q_z(x) = +\frac{\mathrm{d}M_y(x)}{\mathrm{d}x} = +EI_y \frac{\mathrm{d}^2\phi_y(x)}{\mathrm{d}x^2}. \tag{3.14}$$

Alternativ ergibt sich die Querkraft aus der allgemeinen Gleichgewichtsbeziehung (3.2) und der Definition der äquivalenten Schubspannung (3.4) zu:

$$Q_z = \int_{A_s} \tau_{xz} \mathrm{d}A_s = \int_A \tau_{xz} k_s \mathrm{d}A = \int_A G\gamma_{xz} k_s \mathrm{d}A = k_s GA \left(\phi_y + \frac{\mathrm{d}u_z}{\mathrm{d}x}\right). \tag{3.15}$$

In ähnlicher Weise wie am Ende von Abschn. 2.2.2 soll hier angeführt werden, dass die Verwendung der sog. verallgemeinerten Spannungen $\boldsymbol{s} = \left[M_y, -Q_z\right]^{\mathrm{T}}$ und verallgemeinerten Dehnungen $\boldsymbol{e} = \left[\frac{\mathrm{d}\phi_y}{\mathrm{d}x}, \phi_y + \frac{\mathrm{d}u_z}{\mathrm{d}x}\right]^{\mathrm{T}} = \left[\kappa_y, \gamma_{xz}\right]^{\mathrm{T}}$ beim Balken den Vorteil hat, dass diese Größen nicht von der vertikalen Koordinate (z) abhängen. Klassische Spannungs- und Dehnungswerte ändern sich über der Höhe des Balkens. Somit kann auch hier ein verallgemeinertes Stoffgesetz, das über der gesamten Balkenhöhe gültig ist, formuliert werden, siehe Abb. 3.4.

3.2.3 Gleichgewicht

Die Ableitung der Gleichgewichtsbedingungen für den TIMOSHENKO-Balken ist identisch mit der Ableitung für den BERNOUILLI-Balken nach Abschn. 2.2.3:

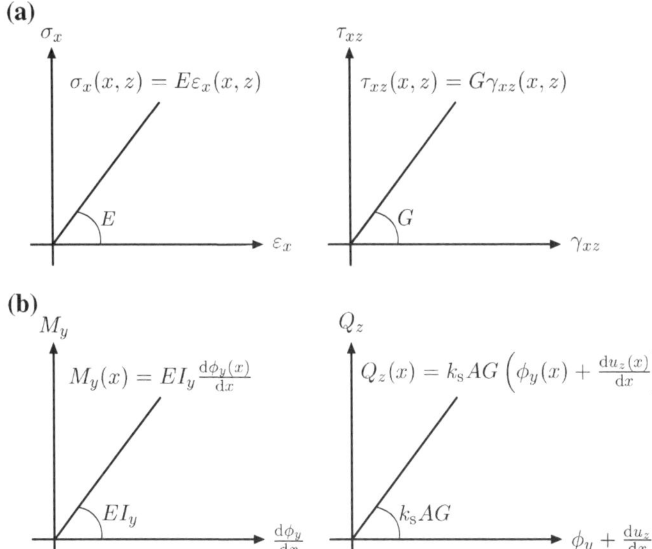

Abb. 3.4 Formulierung des Stoffgesetzes mittels **a** Spannungen und **b** Schnittgrößen (verallgemeinerte Spannungen)

$$\frac{\mathrm{d}Q_z(x)}{\mathrm{d}x} = -q_z(x), \tag{3.16}$$

$$\frac{\mathrm{d}M_y(x)}{\mathrm{d}x} = +Q_z(x). \tag{3.17}$$

3.3 Differenzialgleichung der Biegelinie

Im vorherigen Abschnitt wurde mittels des HOOKEschen Gesetzes für die Normalspannung die Beziehung zwischen dem Schnittmoment und der Querschnittsverdrehung abgeleitet. Differenziation dieser Beziehung nach Gl. (3.13) ergibt den folgenden Zusammenhang

$$\frac{\mathrm{d}M_y}{\mathrm{d}x} = \frac{\mathrm{d}}{\mathrm{d}x}\left(EI_y \frac{\mathrm{d}\phi_y}{\mathrm{d}x}\right), \tag{3.18}$$

der mittels der Gleichgewichtsbeziehung (4.18) und der Beziehungen für die Schubspannung nach (3.4) und (3.5) zu

$$\frac{\mathrm{d}}{\mathrm{d}x}\left(EI_y\frac{\mathrm{d}\phi_y}{\mathrm{d}x}\right) = +k_\mathrm{s}GA\gamma_{xz} \tag{3.19}$$

umgeformt werden kann. Berücksichtigt man in letzter Gleichung die kinematische Beziehung (3.9), ergibt sich die Biegungsdifferenzialgleichung zu:

$$\frac{\mathrm{d}}{\mathrm{d}x}\left(EI_y\frac{\mathrm{d}\phi_y}{\mathrm{d}x}\right) - k_\mathrm{s}GA\left(\frac{\mathrm{d}u_z}{\mathrm{d}x}+\phi_y\right) = 0. \tag{3.20}$$

Berücksichtigt man jetzt im HOOKEschen Gesetz für die Schubspannung nach (3.11) die Beziehungen für die Schubspannung nach (3.4) und (3.5), erhält man

$$Q_z = k_\mathrm{s}AG\gamma_{xz}. \tag{3.21}$$

Mittels der Gleichgewichtsbeziehung (4.18) und der kinematischen Beziehung (3.9) folgt hieraus:

$$\frac{\mathrm{d}M_y}{\mathrm{d}x} = +k_\mathrm{s}AG\left(\frac{\mathrm{d}u_z}{\mathrm{d}x}+\phi_y\right). \tag{3.22}$$

Nach Differenziation und Berücksichtigung der Gleichgewichtsbeziehungen nach (4.17) und (4.18) ergibt sich schließlich die Schubdifferenzialgleichung zu:

$$\frac{\mathrm{d}}{\mathrm{d}x}\left[k_\mathrm{s}AG\left(\frac{\mathrm{d}u_z}{\mathrm{d}x}+\phi_y\right)\right] = -q_z(x). \tag{3.23}$$

Somit wird der schubweiche TIMOSHENKO-Balken durch zwei gekoppelte Differenzialgleichungen zweiter Ordnung nach Gl. (3.20) und (3.23) beschrieben. Dieses System beinhaltet zwei unbekannte Funktionen, nämlich die Durchbiegung $u_z(x)$ und die Querschnittsverdrehung $\phi_y(x)$. Unter der Voraussetzung konstanter Material- (E, G) und Geometrieeigenschaften (I_y, A, k_s) kann das Gleichungssystem zu einer einzigen Gleichung zusammengefasst werden. Umformen und zweimaliges Differenzieren von Gl. (3.23) ergibt:

$$\frac{\mathrm{d}\phi_y}{\mathrm{d}x} = -\frac{\mathrm{d}^2u_z}{\mathrm{d}x^2} - \frac{q_z}{k_\mathrm{s}GA}, \quad \frac{\mathrm{d}^3\phi_y}{\mathrm{d}x^3} = -\frac{\mathrm{d}^4u_z}{\mathrm{d}x^4} - \frac{\mathrm{d}^2q_z}{k_\mathrm{s}GA\mathrm{d}x^2}. \tag{3.24}$$

Einmaliges Differenzieren von Gl. (3.20) ergibt:

$$EI_y \frac{\mathrm{d}^3\phi_y}{\mathrm{d}x^3} - k_\mathrm{s}AG\left(\frac{\mathrm{d}^2u_z}{\mathrm{d}x^2} + \frac{\mathrm{d}\phi_y}{\mathrm{d}x}\right) = 0. \tag{3.25}$$

Setzt man Gl. $(3.24)_1$ in (3.25) ein und berücksichtigt $(3.24)_2$, ergibt sich schließlich folgender Ausdruck:

$$EI_y \frac{\mathrm{d}^4u_z(x)}{\mathrm{d}x^4} = q_z(x) - \frac{EI_y}{k_\mathrm{s}AG}\frac{\mathrm{d}^2q_z(x)}{\mathrm{d}x^2}. \tag{3.26}$$

Die letzte Gleichung reduziert sich für schubstarre Balken, d. h. $k_\mathrm{s}AG \to \infty$, zu der klassischen EULER-BERNOULLI-Lösung nach Tab. 2.1.

Zur Bestimmung analytischer Lösungen der gekoppelten Differenzialgleichungen können Computeralgebrasysteme zur symbolischen Berechnung mathematischer Ausdrücke (z. B. Maple®, Mathematica® oder Matlab®) eingesetzt werden. Für konstante EI_y, AG und q_z ergibt sich:

$$u_z(x) = \frac{1}{EI_y}\left(\frac{q_z x^4}{24} + c_1\frac{x^3}{6} + c_2\frac{x^2}{2} + c_3 x + c_4\right), \tag{3.27}$$

$$\phi_y(x) = -\frac{1}{EI_y}\left(\frac{q_z x^3}{6} + c_1\frac{x^2}{2} + c_2 x + c_3\right) - \frac{q_z x}{k_\mathrm{s}AG} - \frac{c_1}{k_\mathrm{s}AG}, \tag{3.28}$$

$$M_y(x) = -\left(\frac{q_z x^2}{2} + c_1 x + c_2\right) - \frac{q_z EI_y}{k_\mathrm{s}AG}, \tag{3.29}$$

$$Q_z(x) = -\left(q_z x + c_1\right). \tag{3.30}$$

Durch die Berücksichtigung von vier Randbedingungen kann diese allgemeine Lösung durch Bestimmung der Integrationskonstanten $c_1, \ldots, c_4$ an spezielle Probleme angepasst werden, siehe (Öchsner 2014).

In Abhängigkeit von der speziellen Problemstellung, d. h. für verschiedene Geometrien oder Last- bzw. Lagerfälle, kann die Lösung des Problems auch von einer anderen Formulierung der Differenzialgleichung erfolgen, siehe Tab. 3.2.

Abschließend sind in Tab. 3.3 die kontinuumsmechanischen Grundgleichungen und die Differenzialgleichungen für veränderliche Materialparameter zusammengefasst.

Tab. 3.2 Verschiedene Formulierungen der partiellen Differenzialgleichungen für einen TIMOSHENKO-Balken bei Biegung in der x-z-Ebene (positive x-Achse nach rechts zeigend; positive z-Achse aufwärts gerichtet)

Konfiguration	Differenzialgleichungen
E, I_y, A, G, k_s	$EI_y \dfrac{d^2\phi_y}{dx^2} - k_s GA\left(\dfrac{du_z}{dx} + \phi_y\right) = 0$
	$k_s GA\left(\dfrac{d^2u_z}{dx^2} + \dfrac{d\phi_y}{dx}\right) = 0$
$E(x)I_y(x)$, $k_s(x)A(x)G(x)$	$\dfrac{d}{dx}\left(E(x)I_y(x)\dfrac{d\phi_y}{dx}\right) - k_s(x)G(x)A(x)\left(\dfrac{du_z}{dx} + \phi_y\right) = 0$
	$\dfrac{d}{dx}\left[k_s(x)G(x)A(x)\left(\dfrac{du_z}{dx} + \phi_y\right)\right] = 0$
$q_z(x)$	$EI_y \dfrac{d^2\phi_y}{dx^2} - k_s GA\left(\dfrac{du_z}{dx} + \phi_y\right) = 0$
	$k_s GA\left(\dfrac{d^2u_z}{dx^2} + \dfrac{d\phi_y}{dx}\right) = -q_z(x)$
$m_y(x)$	$EI_y \dfrac{d^2\phi_y}{dx^2} - k_s GA\left(\dfrac{du_z}{dx} + \phi_y\right) = -m_y(x)$
	$k_s GA\left(\dfrac{d^2u_z}{dx^2} + \dfrac{d\phi_y}{dx}\right) = 0$
$k(x)$	$EI_y \dfrac{d^2\phi_y}{dx^2} - k_s GA\left(\dfrac{du_z}{dx} + \phi_y\right) = 0$
	$k_s GA\left(\dfrac{d^2u_z}{dx^2} + \dfrac{d\phi_y}{dx}\right) = k(x)u_z$

Tab. 3.3 Elementare Grundgleichungen für einen TIMOSHENKO-Balken bei Biegung in der x-z-Ebene

Name	Gleichung
Kinematik	$\begin{bmatrix} \frac{\mathrm{d}\phi_y}{\mathrm{d}x} \\ \phi_y + \frac{\mathrm{d}u_z}{\mathrm{d}x} \end{bmatrix} = \begin{bmatrix} \frac{\mathrm{d}}{\mathrm{d}x} & 0 \\ 1 & \frac{\mathrm{d}}{\mathrm{d}x} \end{bmatrix} \begin{bmatrix} \phi_y \\ u_z \end{bmatrix}$
Stoffgesetz	$\begin{bmatrix} M_y \\ -Q_z \end{bmatrix} = \begin{bmatrix} EI_y & 0 \\ 0 & -k_s AG \end{bmatrix} \begin{bmatrix} \frac{\mathrm{d}\phi_y}{\mathrm{d}x} \\ \phi_y + \frac{\mathrm{d}u_z}{\mathrm{d}x} \end{bmatrix}$
Gleichgewicht	$\begin{bmatrix} \frac{\mathrm{d}}{\mathrm{d}x} & 1 \\ 0 & \frac{\mathrm{d}}{\mathrm{d}x} \end{bmatrix} \begin{bmatrix} M_y \\ -Q_z \end{bmatrix} + \begin{bmatrix} +m_z \\ -q_z \end{bmatrix} = \begin{bmatrix} 0 \\ 0 \end{bmatrix}$
Diff'gleichungen	$\frac{\mathrm{d}}{\mathrm{d}x}\left(EI_y \frac{\mathrm{d}\phi_y}{\mathrm{d}x}\right) - k_s GA \left(\frac{\mathrm{d}u_z}{\mathrm{d}x} + \phi_y\right) + m_y = 0,$ $\frac{\mathrm{d}}{\mathrm{d}x}\left[k_s GA \left(\frac{\mathrm{d}u_z}{\mathrm{d}x} + \phi_y\right)\right] - q_z = 0$

Um den Einfluss des Schubanteils zu verdeutlichen, wird im Folgenden die maximale Durchbiegung über dem Verhältnis von Balkenhöhe zu Balkenlänge dargestellt. Exemplarisch sind für einen Rechteckquerschnitt der Breite b und Höhe h drei verschiedene Belastungs- und Lagerfälle in Abb. 3.5 dargestellt. Man erkennt, dass für abnehmenden Schlankheitsgrad, das heißt für Balken, bei denen die Länge L gegenüber der Höhe h deutlich größer ist, der Unterschied zwischen dem EULER-BERNOULLI- und dem TIMOSHENKO-Balken immer kleiner wird. Der relative Unterschied zwischen der BERNOULLI- und der TIMOSHENKO-Lösung ergibt sich zum Beispiel für eine POISSON-Zahl von 0,3 und einem Schlankheitsgrad von 0,1 – also für einen Balken, bei dem die Länge zehn mal größer ist als die Höhe – je nach Lagerung und Belastung zu: 0,97 % für den Kragarm mit Einzellast, 1,28 % für den Kragarm mit Streckenlast und 3,76 % für den Balken mit beidseitiger Lagerung. Explizite Darstellungen der analytischen Lösungen zum TIMOSHENKO-Balken können zum Beispiel (Wang 1995) entnommen werden.

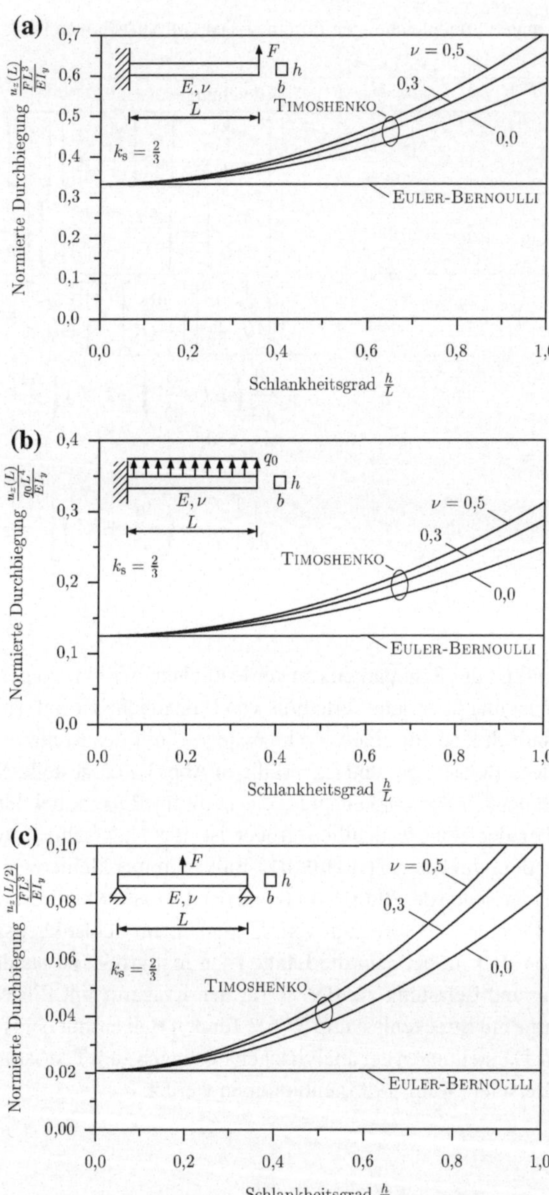

Abb. 3.5 Vergleich der analytischen Lösungen für den EULER-BERNOULLI- und TIMOSHENKO-Balken für verschiedene Randbedingungen: **a** Einseitig fest eingespannt mit Einzellast, **b** einseitig fest eingespannt mit Streckenlast und **c** beidseitig Festlager mit Einzellast

Höhere Balkentheorien 4

4.1 Einführende Bemerkungen

Balkentheorien höherer Ordnung berücksichtigen eine realistischere Schubspannungsverteilung als beim TIMOSHENKO-Balken, um die Verformung zu berechnen. Weiterhin ergibt sich, dass eine Querschnittsverdrehung und zusätzlich eine Verwölbung auftritt, siehe Abb. 4.1. Eine gute Einführung in die Thematik ist durch die Monographie (Wang et al. 2000) und den Übersichtsartikel (Ghugal und Shimpi 2001) gegeben.

Eine Klassifizierung der verschiedenen Ansätze kann über die Verschiebungsfelder $u_x(x, z)$ und $u_z(x, z)$ erfolgen. Eine allgemeine Darstellung kann mittels folgender Beziehungen angesetzt werden,

$$u_z(x, z) = u_z(x) \ \text{und} \ u_x(x, z) = \sum_{i=1}^{n} f(z^i)\theta_i(x), \tag{4.1}$$

wobei durch $\theta_i(x)$ sog. Verformungsfunktionen definiert werden. Im Falle des EULER-BERNOULLI-Balkens (sog. elementare Biegetheorie) ergibt sich

$$u_z(x, z) = u_z(x) \ \text{und} \ u_x(x, z) = -z\frac{\mathrm{d}u_z(x)}{\mathrm{d}x} = z\varphi_y. \tag{4.2}$$

Im Falle des TIMOSHENKO-Balkens (sog. Schubdeformationstheorie erster Ordnung) ergibt sich:

$$u_z(x, z) = u_z(x) \ \text{und} \ u_x(x, z) = z\phi_y. \tag{4.3}$$

A. Öchsner, *Theorie der Balkenbiegung*, essentials,
DOI 10.1007/978-3-658-14638-2_4

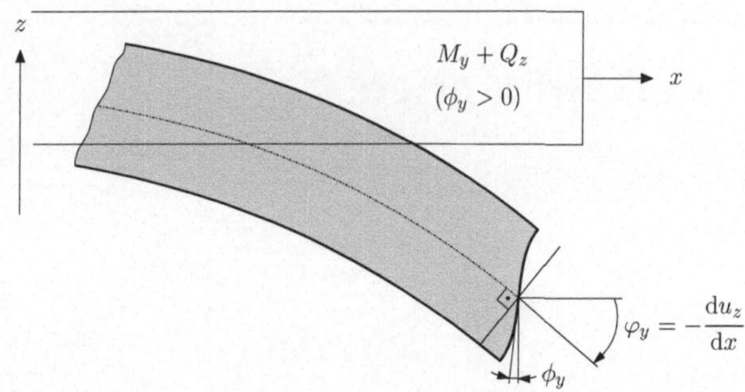

Abb. 4.1 Zur Ableitung der Kinematik bei Theorien höherer Ordnung. Man beachte, dass die Verformung überzeichnet dargestellt ist

Ein klassischer Vertreter einer Schubdeformationstheorie dritter Ordnung ist der sog. LEVINSON-Balken, siehe (Levinson 1981):

$$u_x(x, z) = z\phi_y(x) + z^3\theta(x), \tag{4.4}$$

wobei es sich bei $\phi_y(x)$ um die Verdrehung eines Querschnitts an der neutralen Faser ($z = 0$) handelt, siehe Abb. 4.1. Die Verformungsfunktion $\theta(x)$ wird im Folgenden durch die Schubspannungsrandbedingung weiter konkretisiert.

4.2 Grundgleichungen

4.2.1 Kinematik

Mittels der allgemeinen Beziehung für die Verzerrung, das heißt $\varepsilon_x = \partial u_x/\partial x$, ergibt sich die kinematische Beziehung auf dem Verschiebungsfeld (4.4) zu:

$$\varepsilon_x(x, z) = z\frac{\mathrm{d}\phi_y(x)}{\mathrm{d}x} + z^3\frac{\mathrm{d}\theta(x)}{\mathrm{d}x}. \tag{4.5}$$

Man beachte, dass der erste Ausdruck in obiger Gleichung die Beziehung für den TIMOSHENKO-Balken nach Gl. (3.8) darstellt. Weiterhin kann aus der Forderung, dass die Schubspannung bzw. Schubverzerrung am oberen und unteren Rand des Balkens verschwinden muss (siehe Abb. 2.3b), folgende Beziehung abgeleitet werden:

$$\varepsilon_{xz}(x, \pm\tfrac{h}{2}) = \frac{1}{2}\left(\frac{\partial u_z(x)}{\partial x} + \frac{\partial u_x(x,z)}{\partial y}\right)\Bigg|_{z=\pm\frac{h}{2}} \stackrel{!}{=} 0. \tag{4.6}$$

Unter der Annahme eines Rechteckquerschnitts ergibt sich mittels

$$\left.\frac{\partial u_x(x,z)}{\partial z}\right|_{z=\pm\frac{h}{2}} = \phi_y(x) + 3z^2\theta(x)\big|_{z=\pm\frac{h}{2}} = \phi_y(x) + \frac{3h^2}{4}\theta(x), \tag{4.7}$$

aus obiger Beziehung (4.6) für die Schubverzerrung die Verformungsfunktion $\theta(x)$ zu:

$$\theta(x) = -\frac{4}{3h^2}\left(\phi_y(x) + \frac{\partial u_z(x)}{\partial x}\right). \tag{4.8}$$

Die letzte Beziehung kann in das Verschiebungsfeld nach Gl. (4.4) eingesetzt werden und die Schubverzerrung γ_{xz} nach Gl. (3.1) ergibt sich zu:

$$\gamma_{xz}(x,z) = \frac{h^2 - 4z^2}{h^2}\left(\phi_y(x) + \frac{\partial u_z(x)}{\partial x}\right). \tag{4.9}$$

Man beachte, dass sich der obige Ausdruck für $z = 0$ zur Beziehung für den TIMOSHENKO-Balken nach Gl. (3.9) vereinfacht.

4.2.2 Stoffgesetz

Zur Berücksichtigung der konstitutiven Beziehung wird auch hier, wie in Abschn. 3.2.2, das HOOKEsche Gesetz für einen eindimensionalen Normalspannungszustand und für einen reinen Schubspannungszustand angesetzt:

$$\sigma_x = E\varepsilon_x, \tag{4.10}$$

$$\tau_{xz} = G\gamma_{xz}. \tag{4.11}$$

Entsprechend dem Gleichgewicht nach Abb. 2.6 und Gl. (2.10) kann für den LEVINSON-Balken die Beziehung für das Schnittmoment – unter Verwendung des Stoffgesetzes (4.10) und der kinematischen Beziehung $\varepsilon_x = \partial u_x/\partial x$ – wie folgt angesetzt werden:

$$M_y(x) = \int_A z\sigma_x \mathrm{d}A = \int_{-\frac{b}{2}}^{+\frac{b}{2}} \int_{-\frac{h}{2}}^{+\frac{h}{2}} zE \frac{\partial u_x(x,z)}{\partial x} \mathrm{d}y\mathrm{d}z. \tag{4.12}$$

Mittels der allgemeinen Funktion für das Verschiebungsfeld u_x nach Gl. (4.4) und der Verformungsfunktion $\theta(x)$ nach Gl. (4.8) ergibt sich die partielle Ableitung des Verschiebungsfeldes nach der x-Koordinate zu:

$$\frac{\partial u_x(x,z)}{\partial x} = \frac{3h^2 z - z^3}{3h^2} \frac{\partial \phi_y(x)}{\partial x} - \frac{4z^3}{3h^2} \frac{\partial^2 u_z(x)}{\partial x^2}. \tag{4.13}$$

Mit dieser Beziehung ergibt sich das Schnittmoment nach Gl. (4.12) für konstante Steifigkeit E und konstanten Rechteckquerschnitt $b \cdot h$ zu:

$$M_y(x) = \frac{EI_y}{5} \left(4 \frac{\partial \phi_y(x)}{\partial x} - \frac{\partial^2 u_z(x)}{\partial x^2} \right). \tag{4.14}$$

Die Querkraft ergibt sich aus Beziehung (3.2) und Verwendung des Stoffgesetzes (4.11) zu:

$$Q_z(x) = \int_A \tau_{xz}(x,z) \mathrm{d}A = \int_{-\frac{b}{2}}^{+\frac{b}{2}} \int_{-\frac{h}{2}}^{+\frac{h}{2}} \gamma_{xz}(x,z) G \mathrm{d}y\mathrm{d}z. \tag{4.15}$$

Mittels der Beziehung für die Schubverzerrung nach Gl. (4.9) und der Annahme einer konstanten Schubsteifigkeit G und konstantem Rechteckquerschnitt $b \cdot h$ ergibt sich hieraus:

$$Q_z(x) = \frac{2}{3} GA \left(\phi_y(x) + \frac{\partial u_z(x)}{\partial x} \right). \tag{4.16}$$

In ähnlicher Weise wie am Ende von Abschn. 3.2.2 soll hier angeführt werden, dass die Verwendung der verallgemeinerten Spannungen $\boldsymbol{s} = \left[M_y, -Q_z\right]^{\mathrm{T}}$ und verallgemeinerten Dehnungen $\boldsymbol{e} = \left[4 \frac{\partial \phi_y(x)}{\partial x} - \frac{\partial^2 u_z(x)}{\partial x^2}, \phi_y + \frac{\mathrm{d}u_z}{\mathrm{d}x}\right]^{\mathrm{T}}$ beim Balken den Vorteil hat, dass diese Größen nicht von der vertikalen Koordinate (z) abhängen. Somit kann auch hier ein verallgemeinertes Stoffgesetz, das über der gesamten Balkenhöhe gültig ist, angegeben werden, siehe Abb. 4.2.

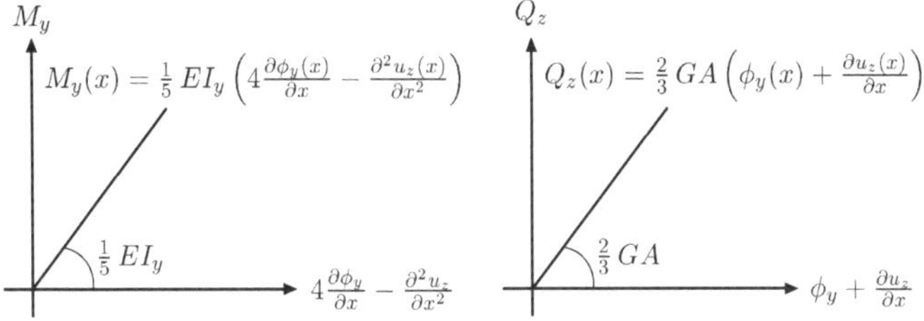

Abb. 4.2 Formulierung des Stoffgesetzes mittels Schnittgrößen (verallgemeinerte Spannungen)

4.2.3 Gleichgewicht

Die Ableitung der Gleichgewichtsbedingungen für den LEVINSON-Balken ist identisch mit der Ableitung für den BERNOUILLI-Balken nach Abschn. 2.2.3:

$$\frac{\mathrm{d}Q_z(x)}{\mathrm{d}x} = -q_z(x), \tag{4.17}$$

$$\frac{\mathrm{d}M_y(x)}{\mathrm{d}x} = +Q_z(x). \tag{4.18}$$

4.3 Differenzialgleichung der Biegelinie

Verwendet man die Ausdrücke für das Schnittmoment und die Querkraft nach Gl. (4.14) und (4.16) in den Gleichgewichtsbeziehungen, ergibt sich das gekoppelte System der Differenzialgleichungen für den LEVINSON-Balken zu:

$$\frac{1}{5}\frac{\partial}{\partial x}\left[EI_y\left(4\frac{\partial\phi_y}{\partial x} - \frac{\partial^2 u_z}{\partial x^2}\right)\right] - \frac{2}{3}GA\left(\frac{\partial u_z}{\partial x} + \phi_z\right) = 0, \tag{4.19}$$

$$-\frac{2}{3}\frac{\partial}{\partial x}\left[AG\left(\frac{\partial u_z}{\partial x} + \phi_y\right)\right] - q_z(x) = 0. \tag{4.20}$$

Dieses System beinhaltet zwei unbekannte Funktionen, nämlich die Durchbiegung $u_z(x)$ und die Querschnittsverdrehung $\phi_y(x)$. Unter der Voraussetzung konstanter Material- (E, G) und Geometrieeigenschaften (I_y, A) kann, entsprechend der Vorgehensweise in Abschn. 3.3, dieses System zu einer einzigen Gleichung zusammengefasst werden:

$$EI_y \frac{\partial^4 u_z(x)}{\partial x^4} = q_z(x) - \frac{6EI_y}{5GA}\frac{\partial^2 q_z(x)}{\partial x^2}. \tag{4.21}$$

Zur Bestimmung analytischer Lösungen der gekoppelten Differenzialgleichungen können auch hier Computeralgebrasysteme eingesetzt werden. Für konstante EI_y, AG und q_z ergibt sich:

$$u_z(x) = \frac{1}{EI_y}\left(\frac{q_z x^4}{24} + c_1\frac{x^3}{6} + c_2\frac{x^2}{2} + c_3 x + c_4\right), \tag{4.22}$$

$$\phi_y(x) = -\frac{1}{EI_y}\left(\frac{q_z x^3}{6} + c_1\frac{x^2}{2} + c_2 x + c_3\right) - \frac{q_z x}{\frac{2}{3}AG} - \frac{c_1}{\frac{2}{3}AG}, \tag{4.23}$$

$$M_y(x) = -\left(\frac{q_z x^2}{2} + c_1 x + c_2\right) - \frac{6q_z EI_y}{5AG}, \tag{4.24}$$

$$Q_z(x) = -\left(q_z x + c_1\right). \tag{4.25}$$

Durch die Berücksichtigung von vier Randbedingungen kann diese allgemeine Lösung durch Bestimmung der Integrationskonstanten $c_1, \ldots, c_4$ an spezielle Probleme angepasst werden. Vergleicht man dieses allgemeine Ergebnis (4.22) und (4.23) für den LEVINSON-Balken mit den entsprechenden Gleichungen des TIMOSHENKO-Balkens (siehe Gl. (3.27) und (3.28)), erkennt man, dass beide Ansätze für einen Rechteckquerschnitt mit der spezifischen Wahl $k_s = \frac{2}{3}$ (siehe Tab. 3.1) und $q_z = 0$ eine identische Verformung ergeben. Abschließend sind in Tab. 4.1 die kontinuumsmechanischen Grundgleichungen und die Differenzialgleichungen für veränderliche Steifigkeiten zusammengefasst.

Um den Unterschied nach der Theorie von TIMOSHENKO und LEVINSON zu verdeutlichen, wird im Folgenden die maximale Durchbiegung über dem Verhältnis von Balkenhöhe zu Balkenlänge dargestellt. Exemplarisch sind für einen Rechteckquerschnitt der Breite b und Höhe h drei verschiedene Belastungs- und Lagerfälle in Abb. 4.3 dargestellt. Man erkennt, dass für abnehmenden Schlankheitsgrad, das heißt für Balken, bei denen die Länge L gegenüber der Höhe h deutlich größer ist, der Unterschied zwischen dem TIMOSHENKO- und dem LEVINSON-Balken im-

Tab. 4.1 Elementare Grundgleichungen für einen LEVINSON-Balken bei Biegung in der x-z-Ebene

Name	Gleichung
Kinematik	$\begin{bmatrix} 4\frac{\partial \phi_y}{\partial x} - \frac{\partial^2 u_z}{\partial x^2} \\ \phi_y + \frac{\mathrm{d}u_z}{\mathrm{d}x} \end{bmatrix} = \begin{bmatrix} 4\frac{\partial}{\partial x} & -\frac{\partial^2}{\partial x^2} \\ 1 & \frac{\partial}{\partial x} \end{bmatrix} \begin{bmatrix} \phi_y \\ u_z \end{bmatrix}$
Stoffgesetz	$\begin{bmatrix} M_y \\ -Q_z \end{bmatrix} = \begin{bmatrix} \frac{1}{5}EI_y & 0 \\ 0 & -\frac{2}{3}AG \end{bmatrix} \begin{bmatrix} 4\frac{\partial \phi_y}{\partial x} - \frac{\partial^2 u_z}{\partial x^2} \\ \phi_y + \frac{\partial u_z}{\partial x} \end{bmatrix}$
Gleichgewicht	$\begin{bmatrix} \frac{\mathrm{d}}{\mathrm{d}x} & 1 \\ 0 & \frac{\mathrm{d}}{\mathrm{d}x} \end{bmatrix} \begin{bmatrix} M_y \\ -Q_z \end{bmatrix} + \begin{bmatrix} 0 \\ -q_z \end{bmatrix} = \begin{bmatrix} 0 \\ 0 \end{bmatrix}$
Diff'gleichungen	$\frac{1}{5}\frac{\partial}{\partial x}\left[EI_y\left(4\frac{\partial \phi_y}{\partial x} - \frac{\partial^2 u_z}{\partial x^2}\right)\right] - \frac{2}{3}GA\left(\frac{\partial u_z}{\partial x} + \phi_y\right) = 0,$ $-\frac{2}{3}\frac{\partial}{\partial x}\left[GA\left(\frac{\partial u_z}{\partial x} + \phi_y\right)\right] - q_z = 0$

mer kleiner wird. Der relative Unterschied zwischen der TIMOSHENKO- und der LEVINSON-Lösung ergibt sich zum Beispiel für eine POISSON-Zahl von 0,0, einen Schubkorrekturfaktor von $k_s = \frac{5}{6}$ und einem Schlankheits grad von 0,5 – also für einen Balken, bei dem die Länge zwei mal größer ist als die Höhe – je nach Lagerung und Belastung zu: 3,16 % für den Kragarm mit Einzellast, 7,69 % für den Kragarm mit Streckenlast und 8,57 % für den Balken mit beidseitiger Lagerung.

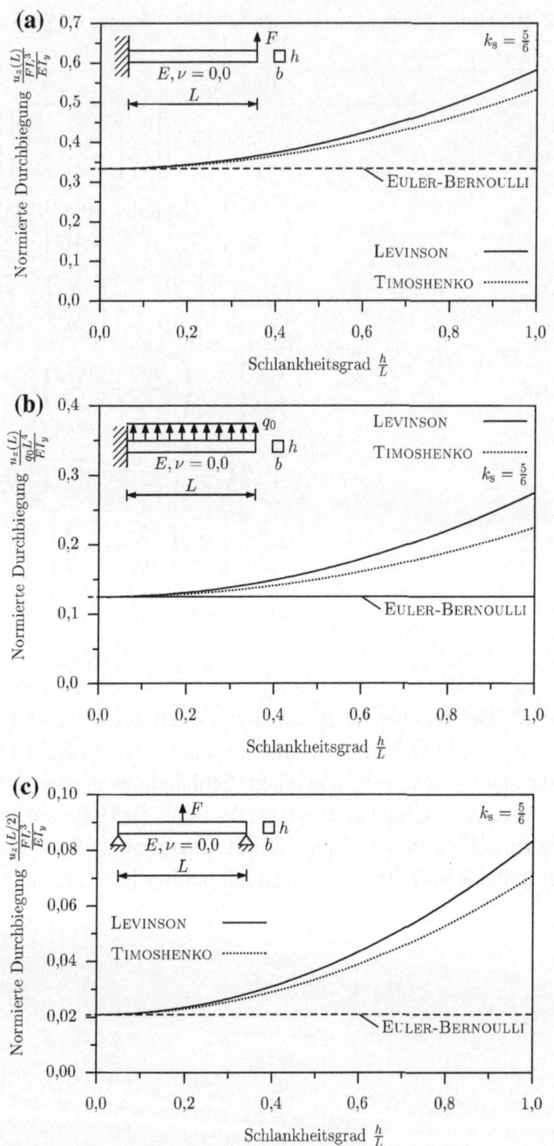

Abb. 4.3 Vergleich der analytischen Lösungen für den EULER-BERNOULLI-, TIMOSHENKO- und LEVINSON-Balken für verschiedene Randbedingungen: **a** Einseitig fest eingespannt mit Einzellast, **b** einseitig fest eingespannt mit Streckenlast und **c** beidseitig Festlager mit Einzellast

5 Ausblick: Numerische Simulation

Die analytischen Lösungen für die unterschiedlichen Balkentheorien nach Gl. (2.20), (3.27) und (4.22) können nur auf einfache Probleme angewendet werden. Für komplexere Strukturen und Fragestellungen haben sich heutzutage numerische Näherungsverfahren durchgesetzt, wobei die Finite-Elemente-Methode das Standardwerkzeug im Bereich der Strukturmechanik darstellt. Die grundlegende Idee dieser Approximation liegt darin, dass die kontinuumsmechanischen Grundgleichungen nicht mehr für jeden Punkt des Kontinuums erfüllt werden, sondern nur noch gemittelt für ein sog. Finites-Element. Deformationen werden nur noch an einer finiten Anzahl von Punkten, den sog. Knoten, berechnet und dazwischen wird einfach interpoliert. Diese Knoten sind wenigstens an den Enden/Ecken der Elemente platziert und erlauben die Verbindung einzelner Elemente zu einer zusammenhängenden Struktur. Somit wird ein Bauteil durch ein Netz aus zusammenhängenden Elementen approximiert und die Freiheitsgrade des Systems sind auf die Knoten reduziert. Näheres zur Finite-Elemente-Methode kann der einschlägigen Literatur, z. B. (Reddy 2006; Öchsner und Merkel 2013; Öchsner 2016), entnommen werden.

Ein Balken kann zum Beispiel im Rahmen einer Finite-Elemente-Analyse durch ein eindimensionales Balkenelement approximiert werden, siehe Abb. 5.1.

Das Balkenelement selbst ist hierbei durch zwei Knoten und eine verbindende Linie beschrieben. Querschnitts- und Materialeigenschaften werden in einem Finite-Elemente-Programm nur als numerische Eingabe übergeben und müssen nicht im Netz berücksichtigt werden. Somit ergibt sich eine extrem vereinfachte Generierung einer Balkenstruktur im einem Finite-Elemente-Programm. Im Folgenden wird kurz auf das Beispiel eines Axialdehnungsaufnehmers aus Kap. 1 eingegangen, siehe Abb. 1.1. Im Rahmen der sog. Modellbildung muss die reale Struktur aus Abb. 1.1a zuerst durch Vereinfachungen und Annahmen in ein mechanisches Modell überführt werden, siehe Abb. 5.2a. Danach wird die vereinfachte Struktur in ein Finite-Elemente-Netz aus eindimensionalen Balkenelementen überführt

A. Öchsner, *Theorie der Balkenbiegung*, essentials,
DOI 10.1007/978-3-658-14638-2_5

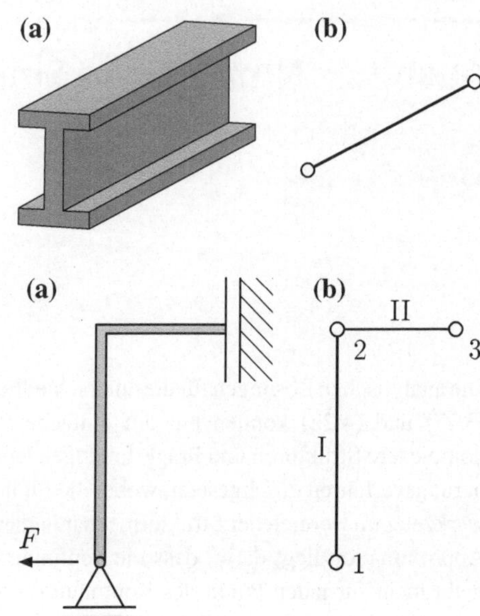

Abb. 5.1 **a** Balkenstruktur mit I-Querschnitt; **b** Approximation mittels eines einzigen Balkenelements. Die Elementknoten sind durch Kreise (○) symbolisiert

Abb. 5.2 **a** Mechanisches Modell des Axialdehnungsaufnehmers aus Abb. 1.1 unter Ausnutzung der Symmetrie; **b** Finite-Elemente-Netz bestehend aus zwei Elementen I und II

(sog. Diskretisierung). Bei den Balkenelementen in kommerziellen Programmen handelt es sich um sog. verallgemeinerte Balken, die sich auch in der axialen Richtung verformen können oder entlang der Längsachse tordiert werden können. Für jedes dieser Balkenelemente kann die sog. Finite-Elemente-Hauptgleichung auf Elementebene $\boldsymbol{K}^{\mathrm{e}}\boldsymbol{u}^{\mathrm{e}} = \boldsymbol{f}^{\mathrm{e}}$ angegeben werden. Die sog. Steifigkeitsmatrix $\boldsymbol{K}^{\mathrm{e}}$ beinhaltet die Information über das Material und die Geometrie des Elements. Der Vektor der Unbekannten $\boldsymbol{u}^{\mathrm{e}}$ beinhaltet die Deformationen, d. h. die Verschiebungen und Verdrehungen an den Knoten, und der Lastvektor $\boldsymbol{f}^{\mathrm{e}}$ beinhaltet die auf das Element wirkenden äußeren Kräfte und Momente. Im Allgemeinen nimmt die Genauigkeit einer Finite-Elemente-Analyse mit der Anzahl der Elemente zu. Die Hauptgleichungen für die einzelnen Elemente können zu einem globalen Gleichungssystem in der Form

$$\boldsymbol{K}\boldsymbol{u} = \boldsymbol{f} \tag{5.1}$$

zusammengefasst werden. Nach Berücksichtigung der Lagerbedingungen ergibt sich die Lösung für ein lineares Gleichungssystem zu:

$$\boldsymbol{u} = \boldsymbol{K}^{-1}\boldsymbol{f}. \tag{5.2}$$

Die Finite-Elemente-Methode erlaubt weiterhin, basierend auf dem gleichen Netz, andere Fragestellungen zu beantworten. Unter Berücksichtigung der

Strukturmassen, die in einer Massenmatrix $\boldsymbol{M}$ zusammengefasst sind, ergibt sich die Hauptgleichung zu:

$$\boldsymbol{M}\ddot{\boldsymbol{u}}(t) + \boldsymbol{K}\boldsymbol{u}(t) = \boldsymbol{f}(t). \tag{5.3}$$

Die Lösung dieser Gleichung in der Zeitdomäne erfolgt häufig mittels klassischer Differenzenverfahren und liefert die Verformung $\boldsymbol{u}(t)$, die Geschwindigkeit $\dot{\boldsymbol{u}}(t)$ und die Beschleunigung $\ddot{\boldsymbol{u}}(t)$ des transienten Problems. Die Betrachtung des gleichen Finite-Elemente-Modells erlaubt durch Lösung eines Eigenwertproblems die Bestimmung der Eigenfrequenzen und Eigenmoden:

$$\det(\boldsymbol{K} - \omega_i \boldsymbol{M}) = 0, \tag{5.4}$$

wobei die ω_i die Eigenfrequenzen des Systems darstellen. Die Eigenmoden, d. h. die verformte Gestalt der Struktur bei bestimmten Eigenfrequenzen, sind durch folgende Beziehung definiert:

$$\left(\boldsymbol{K} - \omega_i^2 \boldsymbol{M}\right) \boldsymbol{\Phi} = \boldsymbol{0}, \tag{5.5}$$

wobei $\boldsymbol{\Phi}$ die Eigenformen des Systems darstellen. Weiterhin erlaubt die Lösung eines weiteren Eigenwertproblems (bei gleichem Netz) die Bestimmung der Knicklast im Rahmen einer Stabilitätsanalyse:

$$\det(\boldsymbol{K}) = \det\left(\boldsymbol{K}^{\mathrm{el}} + \lambda \boldsymbol{K}^{\mathrm{geo}}\right) = 0, \tag{5.6}$$

wobei $\boldsymbol{K}^{\mathrm{el}}$ die Steifigkeitsmatrix nach Gl. (5.2) für ein linear-elastisches Problem darstellt und $\boldsymbol{K}^{\mathrm{geo}}$ die geometrische Steifigkeitsmatrix unter Einbeziehung der äußeren Last darstellt, siehe (Öchsner und Merkel 2013). Die Knicklast ergibt sich schließlich aus der Beziehung $\lambda \boldsymbol{f}$. Die oben beschriebenen Lösungen verschiedener strukturmechanischer Fragestellungen können in einem kommerziellen Finite-Elemente-Programm, einfach durch Umstellung auf die unterschiedlichen Lösungsmoden – bei gleichem Netz – erzielt werden.

Was Sie aus diesem *essential* mitnehmen können

- Eine vergleichende Darstellung dreier Balkentheorien
- Die Beschreibung mittels Kinematik, Stoffgesetz und Gleichgewicht
- Behandlung der verschiedenen Differenzialgleichungen und deren analytische Lösung für einfache Fälle
- Ein besseres Verständnis des Anwendungsbereichs der unterschiedlichen Theorien

A. Öchsner, *Theorie der Balkenbiegung*, essentials,
DOI 10.1007/978-3-658-14638-2

Literaturverzeichnis

Bathe, K.-J. (1996). *Finite element procedures*. Upper Saddle River: Prentice-Hall.

Bruhn, E. F. (1973). *Analysis and design of flight-vehicle structures*. Indianapolis: Jacobs Publishing.

Cowper, G. R. (1966). The shear coefficient in Timoshenko's beam theory. *Journal of Applied Mechanics, 33,* 335–340.

Grote, K.-H., & Feldhusen, J. (Hrsg.). (2014). *Dubbel: Taschenbuch für den Maschinenbau*. Berlin: Springer-Verlag.

Gere, J. M., & Timoshenko, S. P. (1991). *Mechanics of materials*. Boston: PWS-KENT Publishing Company.

Ghugal, Y. M., & Shimpi, R. P. (2001). A review of refined shear deformation theories for isotropic and anisotropic laminated beams. *Journal of Reinforced Plastics and Composites, 20,* 255–272.

Grote, K.-H., & Antonsson, E. K. (Hrsg.). (2009). *Springer handbook of mechanical engineering*. Berlin: Springer-Verlag.

Gruttmann, F., & Wagner, W. (2001). Shear correction factors in Timoshenko's beam theory for arbitrary shaped cross-sections. *Computational Mechanics, 27,* 199–207.

Hartmann, F., & Katz, C. (2007). *Structural analysis with finite elements*. Berlin: Springer-Verlag.

Kurrer, K.-E. (2008). *The history of the theory of structures*. Berlin: Ernst & Sohn Verlag.

Levinson, M. (1981). A new rectangular beam theory. *Journal of Sound and Vibration, 74,* 81–87.

Öchsner, A., & Merkel, M. (2013). *One-dimensional finite elements: An introduction to the FE method*. Berlin: Springer.

Öchsner, A. (2014). *Elasto-plasticity of frame structure elements: Modelling and simulation of rods and beams*. Berlin: Springer-Verlag.

Öchsner, A. (2016). *Computational statics and dynamics: An introduction based on the finite element method*. Singapore: Springer.

Reddy, J. N. (2006). *An introduction to the finite element method*. Singapore: McGraw Hill.

Szabó, I. (1996). *Geschichte der mechaninschen Prinzipien*. Basel: Birkhäuser.

Timoshenko, S. P. (1921). On the correction for shear of the differential equation for transverse vibrations of prismatic bars. *Philosophical Magazine, 41,* 744–746.

A. Öchsner, *Theorie der Balkenbiegung*, essentials,
DOI 10.1007/978-3-658-14638-2

Timoshenko, S. P. (1940). *Strength of materials - part I elementary theory and problems*. New York: Van Nostrand Company.

Timoshenko, S. P. (1953). *History of strength of materials*. New York: McGraw-Hill.

Wang, C. M. (1995). Timoshenko beam-bending solutions in terms of Euler-Bernoulli solutions. *Journal of Engineering Mechanics, 121,* 763–765.

Wang, C. M., Reddy, J. N., & Lee, K. H. (2000). *Shear deformable beams and plates: Relationships with classical solution*. Oxford: Elsevier.

Weaver, W., Jr., & Gere, J. M. (1980). *Matrix analysis of framed structures*. New York: Van Nostrand Reinhold Company.